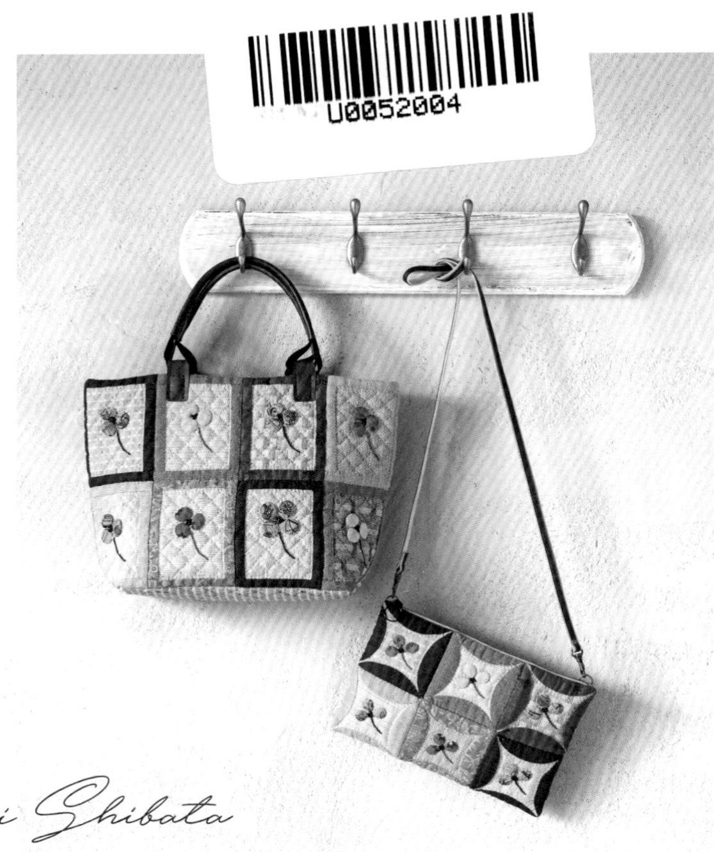

Akemi Shibata

柴田明美的植感拼布

Akemi Shibata

愉快地手作　優雅的生活

柴田明美◎著

profile

柴田明美

1984年開設了一家拼布小鋪&教室。非常重視個性、獨立性、指導能力的教室風格頗受好評，於日本國內外大約開設過50個班級。深愛骨董拼布被的柴田明美，創作出既沉穩內斂又可愛的作品，在國內外都非常受歡迎。《改訂版 柴田明美 私のパッ チワーク》、《柴田明美 とっておきのパッチワーク》、《柴田明美 くてかわ いいパッチワーク》、《改訂版 柴田明美 世界でたったひとつ あなただけ のパッチワーク》、《柴田明美 あなたに届けたいキルト》、《柴田明美 小さ なかわいいキルト》（均由ブティック社發行）等著作，已翻譯成英文、法文、意大利文、西班牙文、德文、中文、泰文等，部分繁體中文版著作由雅書堂文化發行。

協力製作

伊藤文子　伊青佳津枝　大野幾代
高島右子　高橋豊子　若宮素子

VAZZ HOUSE
〒664-0858 兵庫縣伊丹市西台4-3-3

協力攝影

AWABEES
UTUWA

原書製作團隊 STAFF

編　　集／新井久子・三城洋子
攝　　影／久保田あかね
書籍設計／鈴木直子
插圖 型紙／白井麻衣
作法校閱／安彥友美
編 集 人／高橋ひとみ
發 行 人／志村悟

contents

introduction

在這個夏季裡，想要深深感受「安逸悠然（Hygge）」，我走訪了丹麥、芬蘭、愛沙尼亞。對丹麥人來說，他們非常懂得珍惜「安逸悠然（Hygge）」這句話，不論是豐富多彩的度過每一寸時光，或者是把這句話深深放在心上。他們不放置沒用與多餘的東西、珍惜身邊的物品、打造舒適安逸的空間與感受溫馨手作的生活態度、更珍惜凡事不強求的生存方式。我充分了解多年來憧憬嚮往的心情，與「安逸悠然（Hygge）」這一句話是一致的。我的夢想是，坐在收拾得乾淨舒適安穩的房間裡，溫暖明亮的一隅，慢慢地喝著茶、作著喜歡的事情，度過快樂的時光。最近和女兒的對話常常變成是：「喝茶嗎？」還是「來一段安逸悠然（Hygge）？」。北歐人安靜優雅。穿著的服裝多半是灰色等自然的顏色，設計簡約大方，建築物的色調也非常地柔和優美，整體都可以感受到他們的慢條斯理與悠哉休閒。「安逸悠然（Hygge）」對於拼布人來說，十分契合。對我來說“不論是什麼時候都想繼續為了拼布而活”這是此段旅行賦予我的新的想法。

柴田明美

如果要「安逸悠然（Hygge）」，就想要這樣的空間！悠閒地喝著下午茶，輕鬆地度過時間。我很喜歡畫畫，所以這個時間也算是「安逸悠然（Hygge）」。

芬蘭的赫爾辛基，在坎普酒店前的公園。手拿P.37的作品散步著，與街景的氣氛自然融合，讓我的旅行更加快樂。

在愛沙尼亞·塔林的歷史地區。亞麻專賣店「ZIZI」的店鋪前。

皇家哥本哈根瓷器本館的食器器皿。可以感受到丹麥歷史的藍色彩繪器皿，不但非常美麗，數量也多到壓倒性的震撼。

在「ZIZI」買了桌旗。感覺餐桌會變得更愉快。

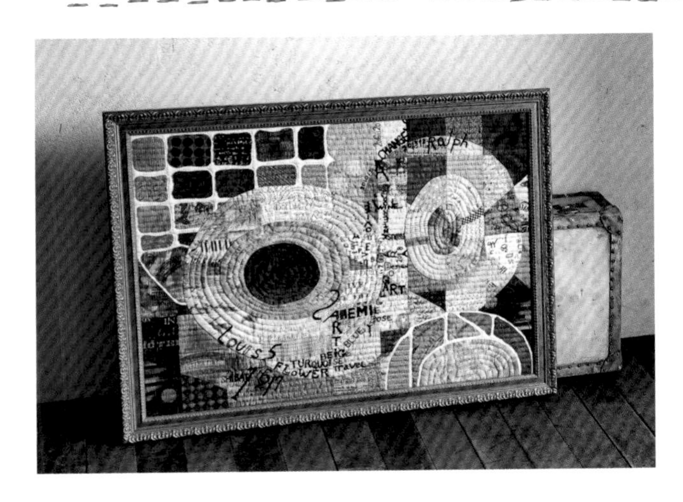

裱框拼布畫

標題是「更新」。
我將嘗試一邊珍惜從前至今的作法 ，一邊進行挑戰新作法製作作品。將喜愛的詞句或重要的紀念日，以刺繡的方式留在心裡。願我心裡的想法也一點一滴的交替更新向前進。

花籃的道具組

工作室與住家都放著製作拼布時，必備的各式各樣工具。從整套完整的工具到海外講座會用到的裁縫箱、餐桌上作業用的工具等，總共有六套之多。這一個是當中最小的一組。因為具有把手，從工作室到房間必須要移動的時候非常方便，也很耐用。將工作時不可或缺的小用具，放進喜歡的花籃裡，這個小動作讓心情更愉悅、工作更有動力。有個舒適愉快的空間，更貼近「安逸悠然（Hygge）」的想法。 為了可以幸福的工作「安逸悠然（Hygge）」是必要的。

錄製電視節目

在電視上錄製電視節目介紹拼布。 這一天「讀賣」電視到住家與工作室錄影。希望以製作拼布度過悠閒時光的美好，能散播給每一個人認識，我也樂意將拼布的魅力傳達下去。

柔美的燈光

在家裡放著許多喜歡的照明設備，隨時可以享受柔美燈光的照耀。舒適恰到好處的光線，讓心及身體也放鬆許多。日常珍惜身心舒暢的「安逸悠然（Hygge）」，並不需要特別作些什麼。只要本身自然感覺心情愉悅，生活追求簡約就可以了！

塑膠板的袋蓋最實用！

將袋蓋的部分放入塑膠板。
享受開開關關輕鬆的樂趣，
包包內的物品整理也格外簡單愉快。

1

作法／P.6

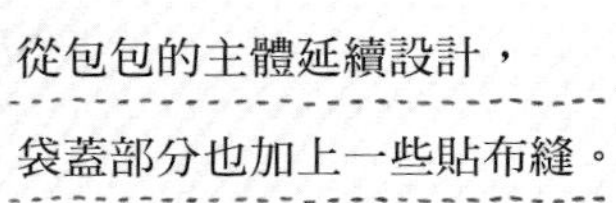

從包包的主體延續設計，

袋蓋部分也加上一些貼布縫。

袋蓋可以大大的打開，

物品收納更加便利。

包包的背面。

P.4 NO.1

塑膠板的袋蓋最實用！

材料

- 貼布縫用布適量
- 表布（米白色印花）85cm 寬 40cm
- 拼接用布（米白色、淺藍色合計）50cm 寬 20cm
- 滾邊條（棕色印花）
  3.5cm 寬 75cm 的斜紋布
- 鋪棉 90cm 寬 40cm
- 裡布（淺藍色印花）90cm 寬 45cm
- 膠板 30cm× 20cm
- 提把（60cm）一條
- 25 號繡線（原色、暗黃綠、茶色）

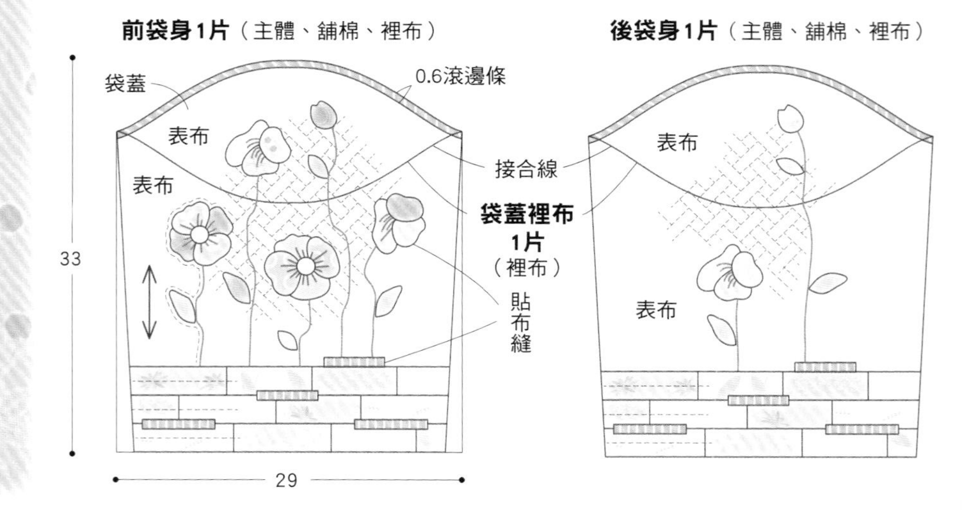

※縫份：拼接布片 0.7cm、貼布縫 0.5cm、除了指定之外皆為 1cm

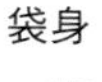

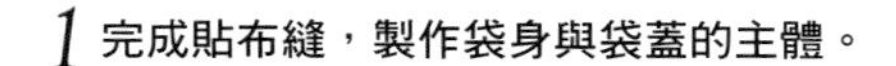

原寸紙型 D 面

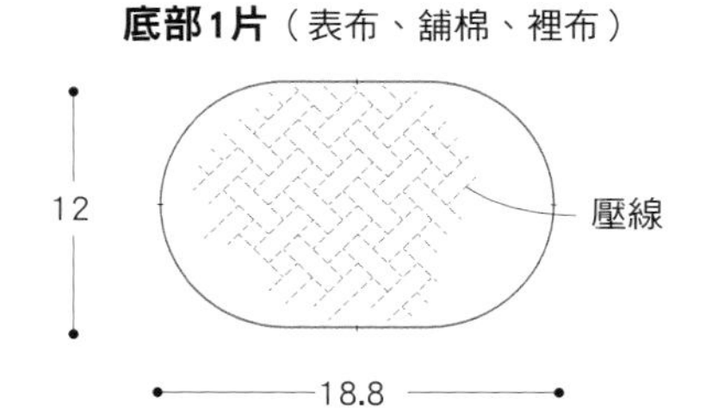

1 完成貼布縫，製作袋身與袋蓋的主體。

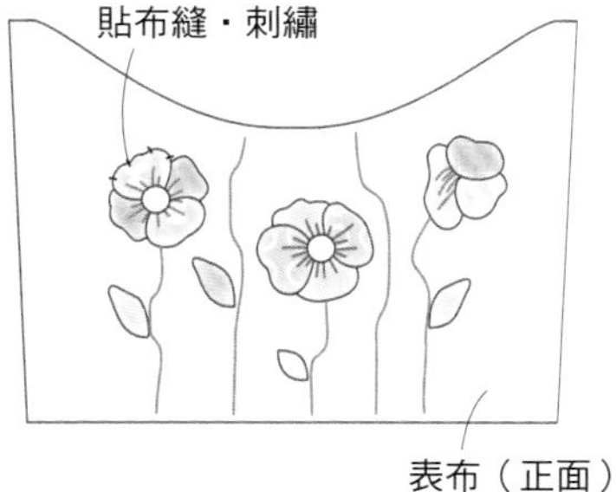

2 將袋蓋下方部分的縫份摺起。

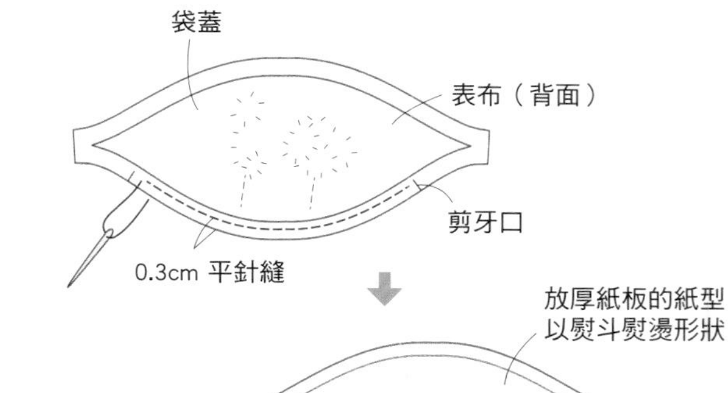

3 接縫袋身與袋蓋。

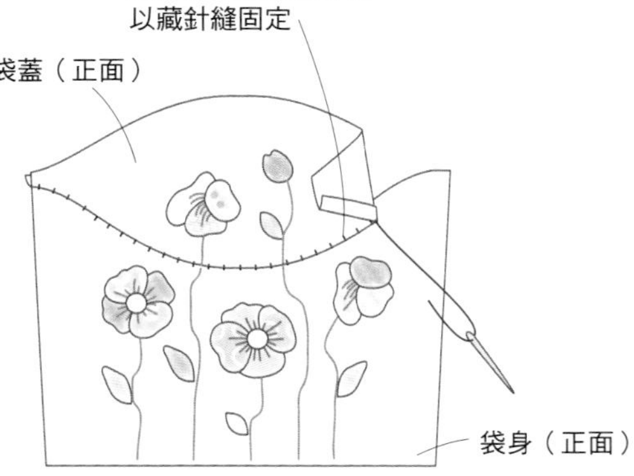

4 將上袋身與下袋身接合。

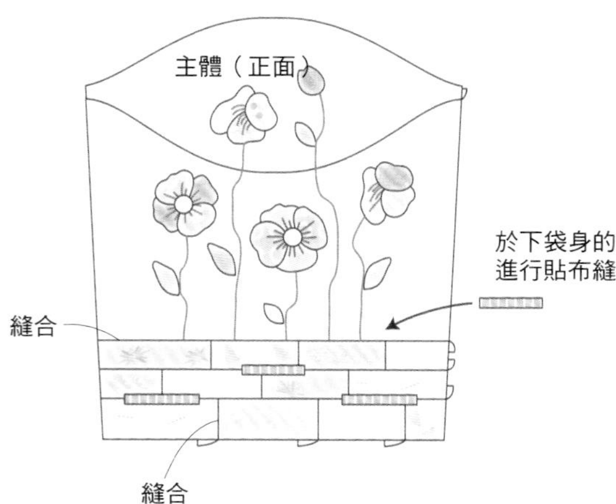

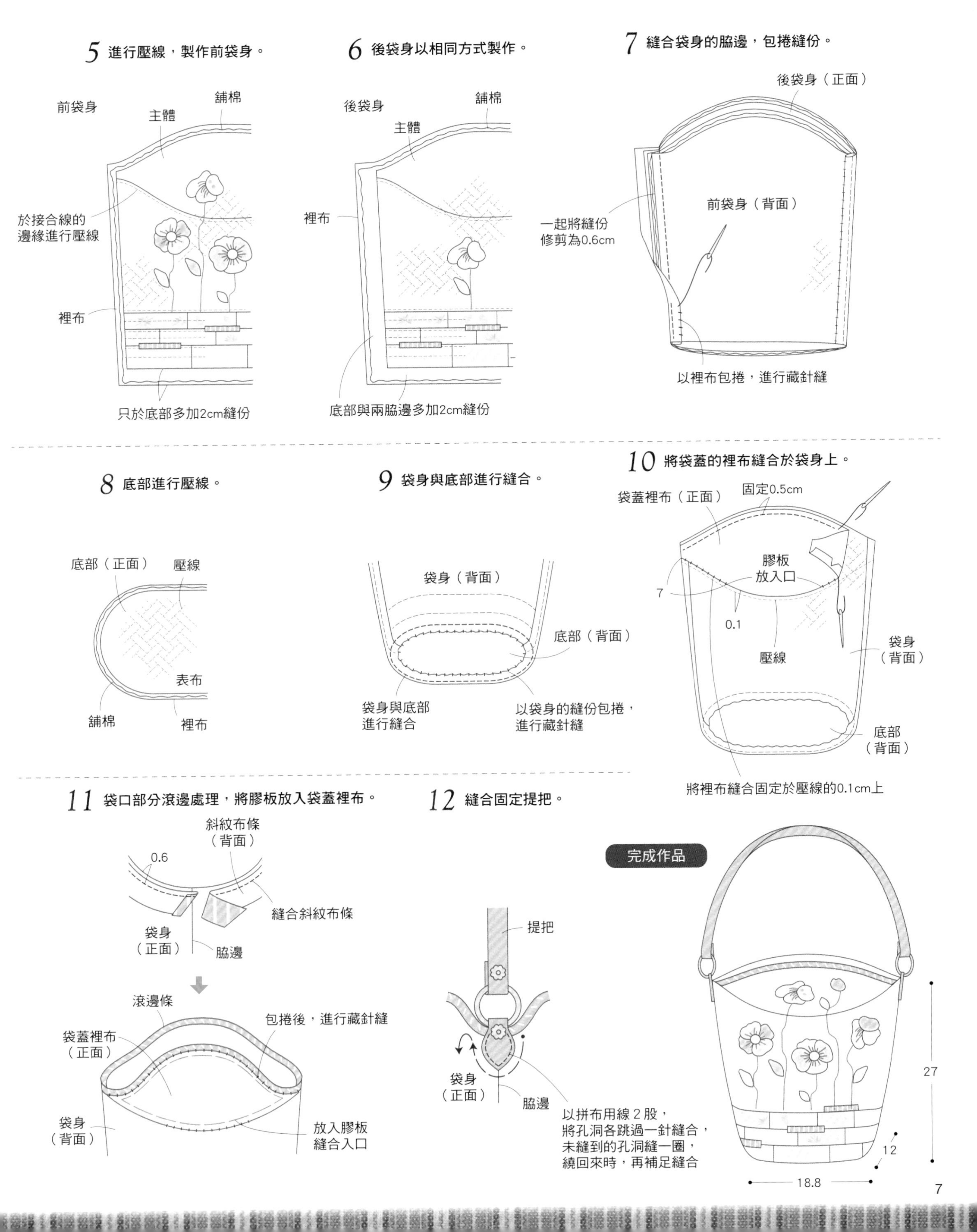
5 進行壓線，製作前袋身。
前袋身
鋪棉
主體
於接合線的
邊緣進行壓線
裡布
只於底部多加2cm縫份
6 後袋身以相同方式製作。
後袋身
鋪棉
主體
裡布
底部與兩脇邊多加2cm縫份
7 縫合袋身的脇邊，包捲縫份。
後袋身（正面）
前袋身（背面）
一起將縫份
修剪為0.6cm
以裡布包捲，進行藏針縫
8 底部進行壓線。
底部（正面）
壓線
表布
鋪棉
裡布
9 袋身與底部進行縫合。
袋身（背面）
底部（背面）
袋身與底部
進行縫合
以袋身的縫份包捲，
進行藏針縫
10 將袋蓋的裡布縫合於袋身上。
袋蓋裡布（正面）
固定0.5cm
膠板
放入口
7
0.1
壓線
袋身
（背面）
底部
（背面）
將裡布縫合固定於壓線的0.1cm上
11 袋口部分滾邊處理，將膠板放入袋蓋裡布。
斜紋布條
（背面）
0.6
縫合斜紋布條
袋身
（正面）
脇邊
滾邊條
包捲後，進行藏針縫
袋蓋裡布
（正面）
袋身
（背面）
放入膠板
縫合入口
12 縫合固定提把。
提把
袋身
（正面）
脇邊
以拼布用線２股，
將孔洞各跳過一針縫合，
未縫到的孔洞縫一圈，
繞回來時，再補足縫合
完成作品
27
12
18.8

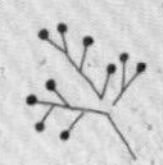

威尼斯色彩手提包&斜背包

2

作法／P.10

3

作法／P.79

小時候會花很長的時間，尋找四片葉子的幸運草。
非常努力地尋找，總是有好幾次真的被我找到！
這樣的記憶，直到現在，我也還是記憶鮮明清楚的記得。
回憶同時，既可愛又華麗的包包就完成了！
使用了融合於最喜歡的威尼斯街道的色彩，設計了這一款包。

希望可以招來幸運，
加入一片四片葉子的幸運草。

有了側身，
就可以收納更多物品。

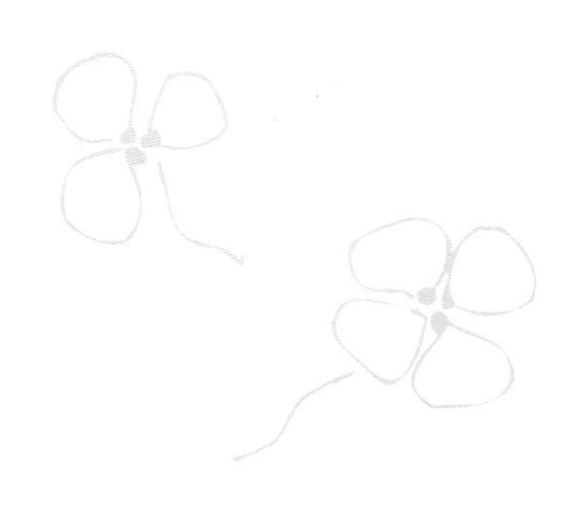

使用可愛又討喜顏色的幸運草。
提把可以取下來，
當成波奇包使用。

P.8 NO. 2 威尼斯色彩手提包

材料

- 貼布縫（淺藍色、黃色、茶色、粉紅色合計）20cm 寬 25cm
- 貼布縫用土台布（米白色 8 種）各 10cm 寬 15cm
- 表布（棕色梭織布）80cm 寬 30cm
- 邊框飾緣布（8 種）各 15cm 寬 15cm
- 鋪棉 95cm 寬 45cm
- 裡布（淺藍色印花）110cm 寬 45cm
- 提把（41cm）1 組
- 圓形大飾珠（黑色）40 個
- 25 號繡線（暗黃綠、棕色）

※縫份：拼接布片與貼布縫都為 0.7cm、除了指定之外皆為 1 cm

原寸紙型 A 面

前袋身 1 片（主體、鋪棉、裡布）

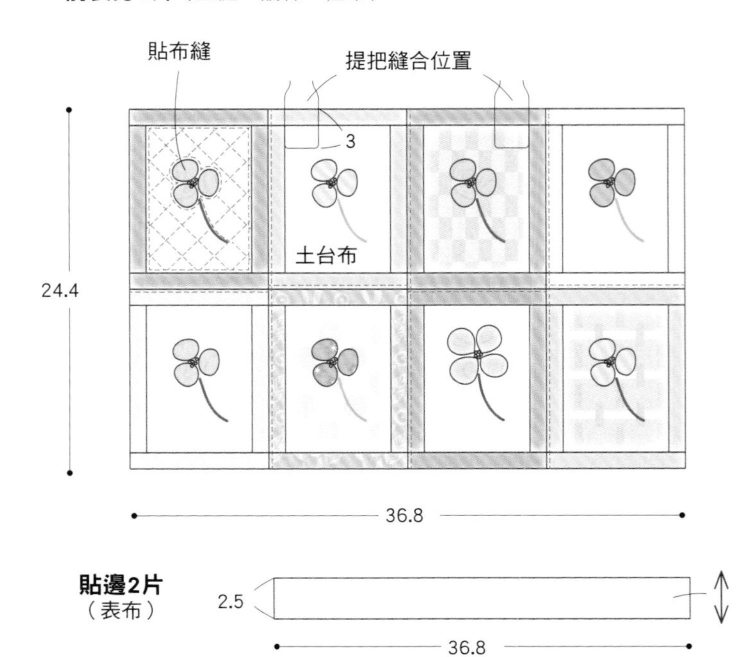

貼邊 2 片（表布）

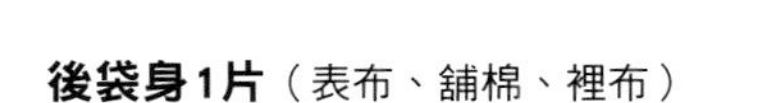

後袋身 1 片（表布、鋪棉、裡布）

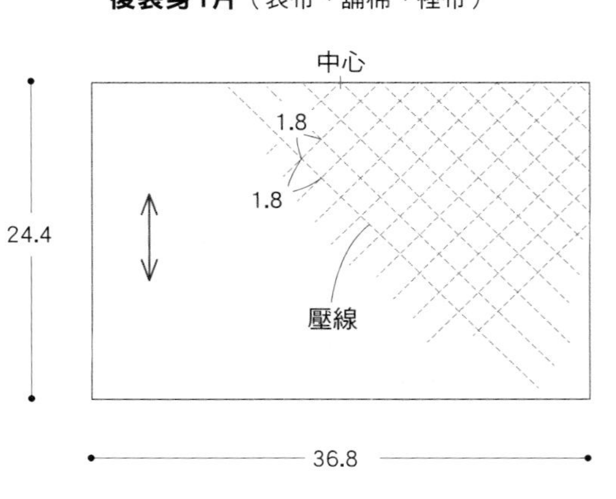

內口袋 1 片（裡布）

底部 1 片（表布、鋪棉、裡布）

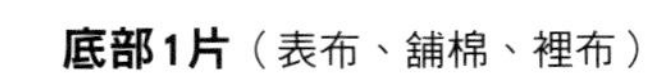

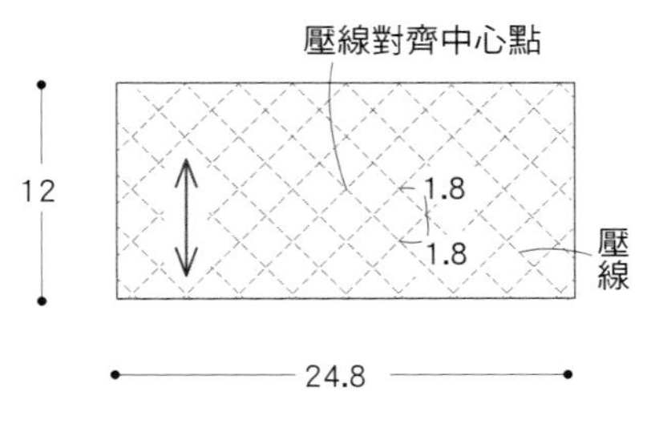

1 完成貼布縫，縫合邊框飾緣部分。

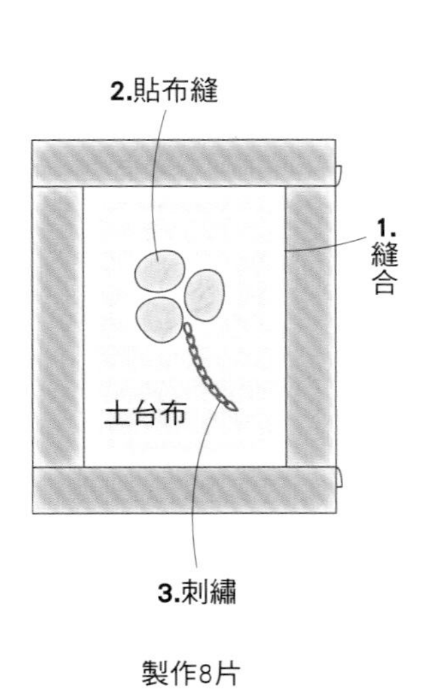

製作8片

2 製作主體，壓線後，製作前袋身布。

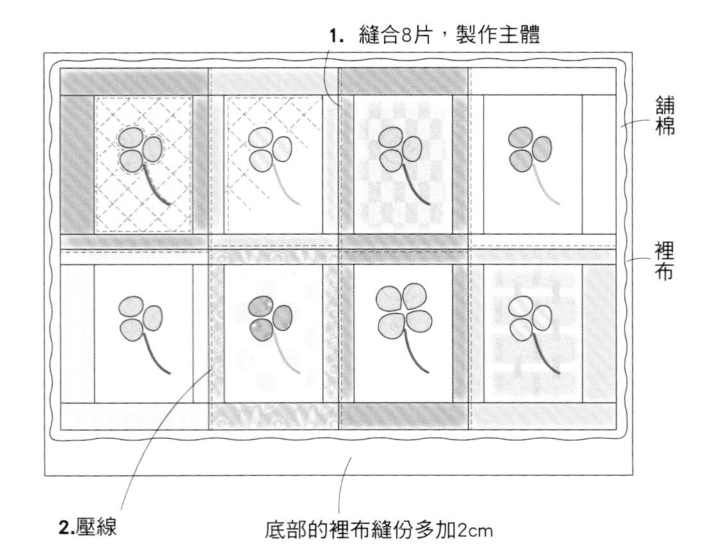

3 縫合飾珠。

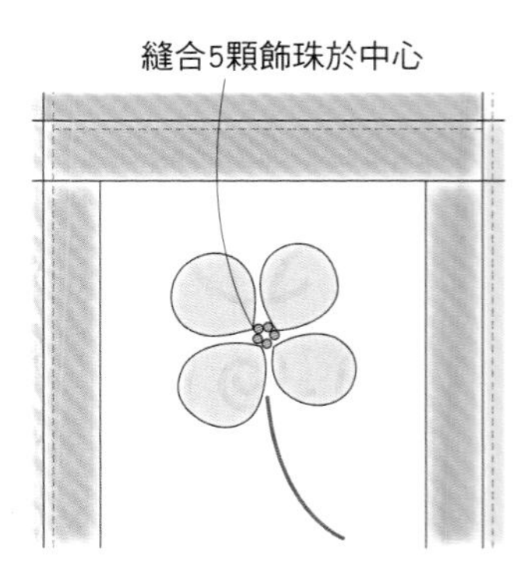

4 製作後袋身。

5 縫合袋身的脇邊，包捲縫份。

6 將底部壓線後，與袋身縫合固定。

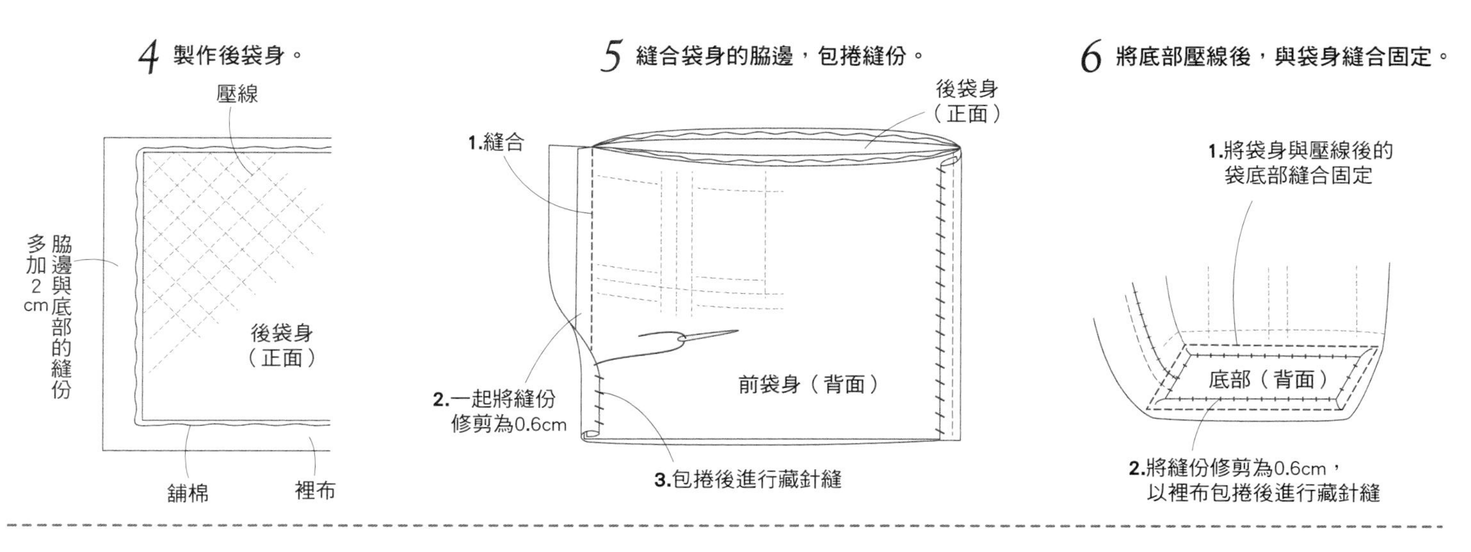

7 縫合貼邊的脇邊。

8 將袋身與貼邊縫合固定。

9 將貼邊進行藏針縫。

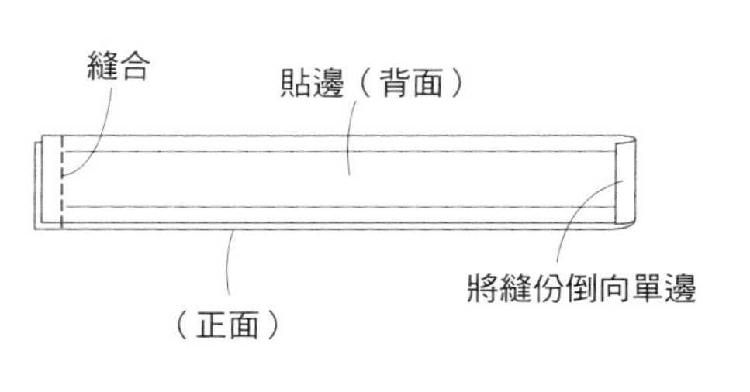

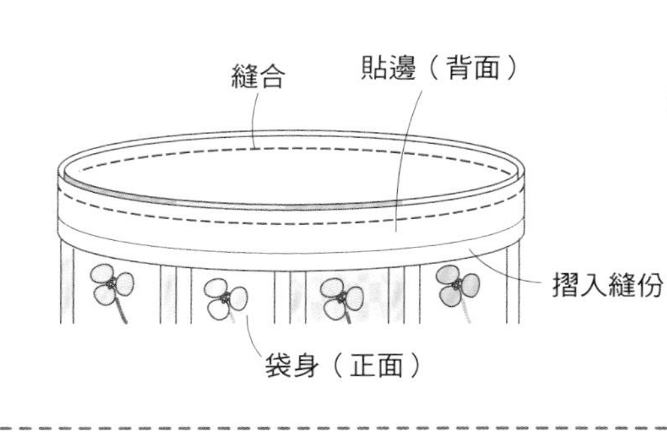

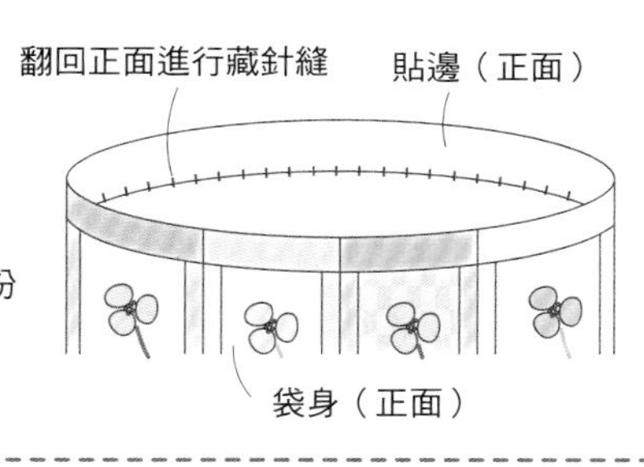

10 縫合內口袋後，翻回正面。

11 將內口袋縫合固定於袋身。

12 縫合固定提把。

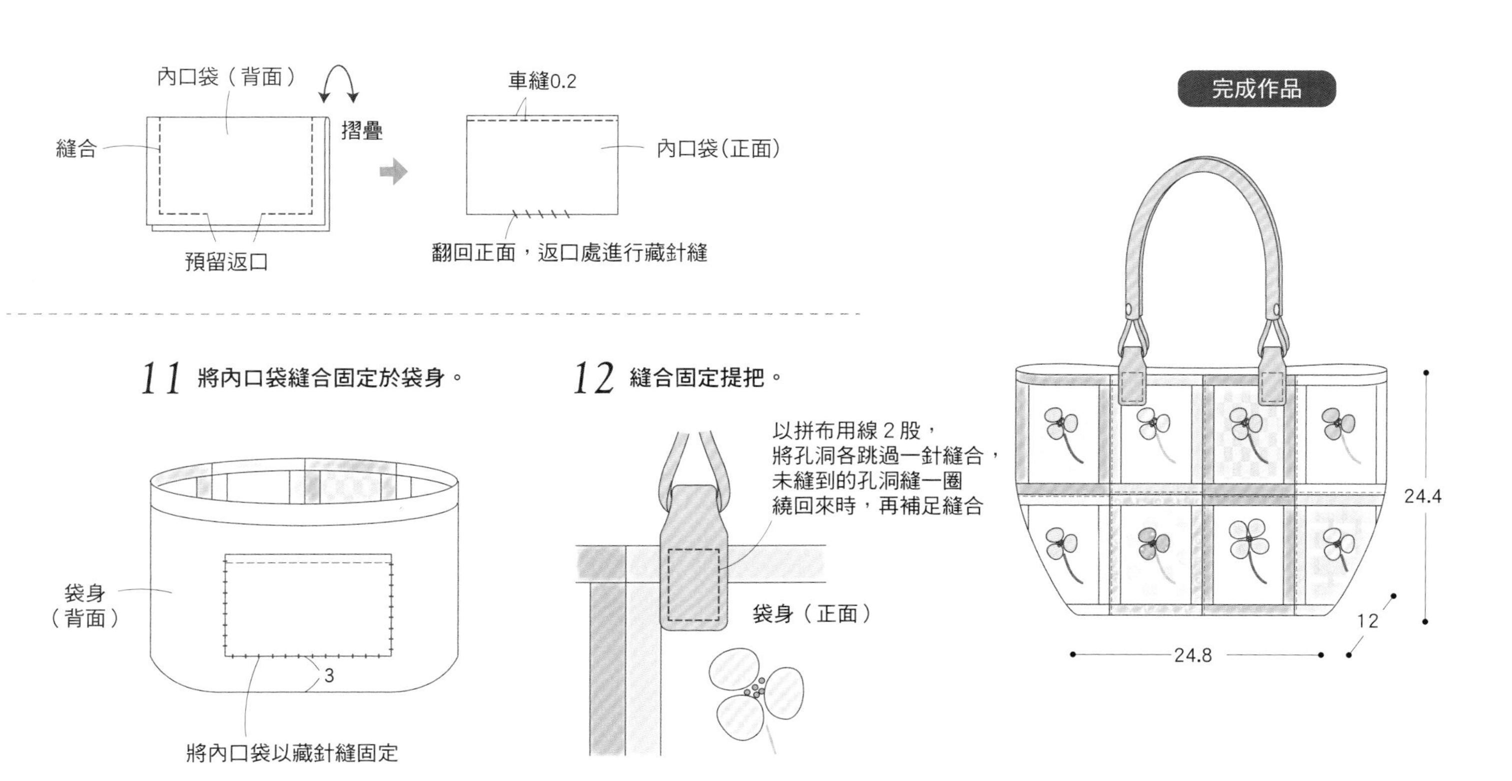

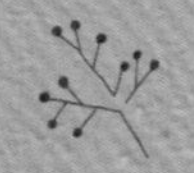

清爽藍色大花朵包＆波奇包

4　有一天，在白色的紙上，試作包包的形狀時，
適合這個形狀的花樣是……？正在思考這個問題時，
拿著奇異筆的手，不知不覺在紙上畫了一朵大大的花朵與葉片。
就這樣原汁原味地縫上貼布縫，沒想到作出了非常嬌嫩鮮活的效果。
一直以來，我都非常珍惜像這樣一瞬間突然浮現的靈感。

5　喜愛的圖形孕育而生，也會想要作成整組的波奇包。
一刻都不想等，想要馬上使用這個包包，但是這本書完成之前……忍耐、忍耐。

4
作法／P.14

5
作法／P.80

包包與波奇包的背面

花朵纖細的部分，
以飾珠與刺繡表現。

與包包配成一整組的波奇包。
在花朵的質地上，若無其事偷偷地變換了一下。

P.12 NO.4　清爽藍色大花朵包

材料

- 花的貼布縫（淺藍色）20cm 寬 20cm
- 花心的貼布縫（黃色直紋）7cm 寬 7cm
- 葉子的貼布縫（綠色系合計）30cm 寬 30cm
- 莖的貼布縫（茶色）1.5cm 寬 10cm 的斜紋布 6 條
- 表布（原色梭織布）50cm 寬 90cm
- 配布（淺藍色）15cm 寬 3cm
- 鋪棉 90cm 寬 55cm
- 裡布（淺綠色印花）50cm 寬 90cm
- 提把（38.5cm）1 組
- 飾珠（直徑 0.3cm/ 黑色）14 個
- 25 號繡線（棕色）

※貼布縫的縫份為 0.5cm、除了指定之外皆為 1 cm

原寸紙型 D 面

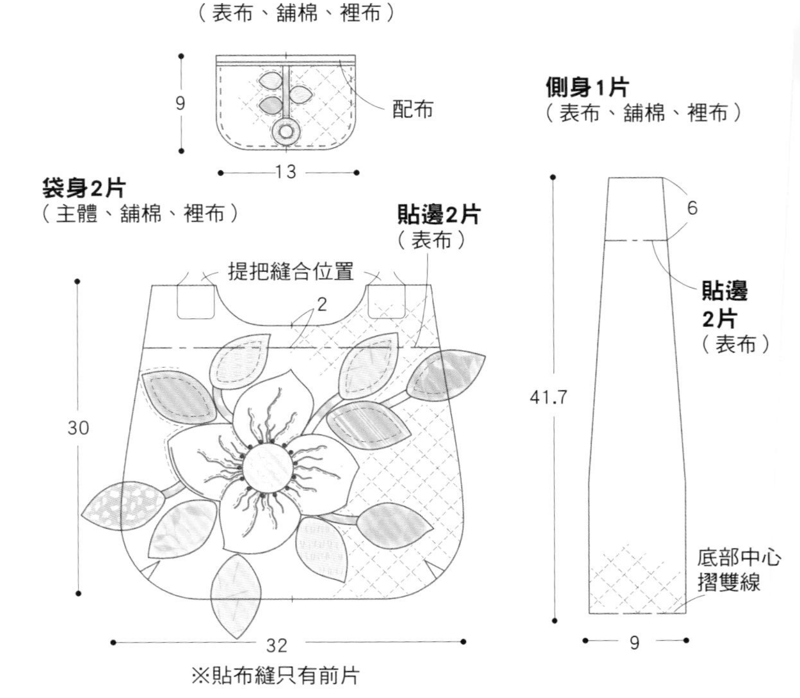

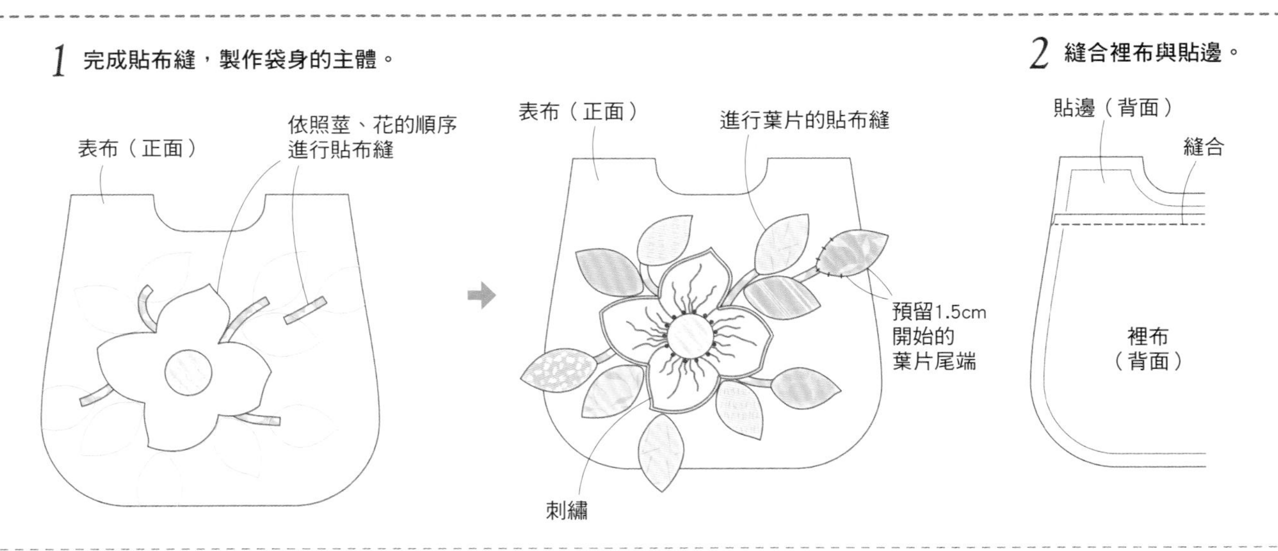

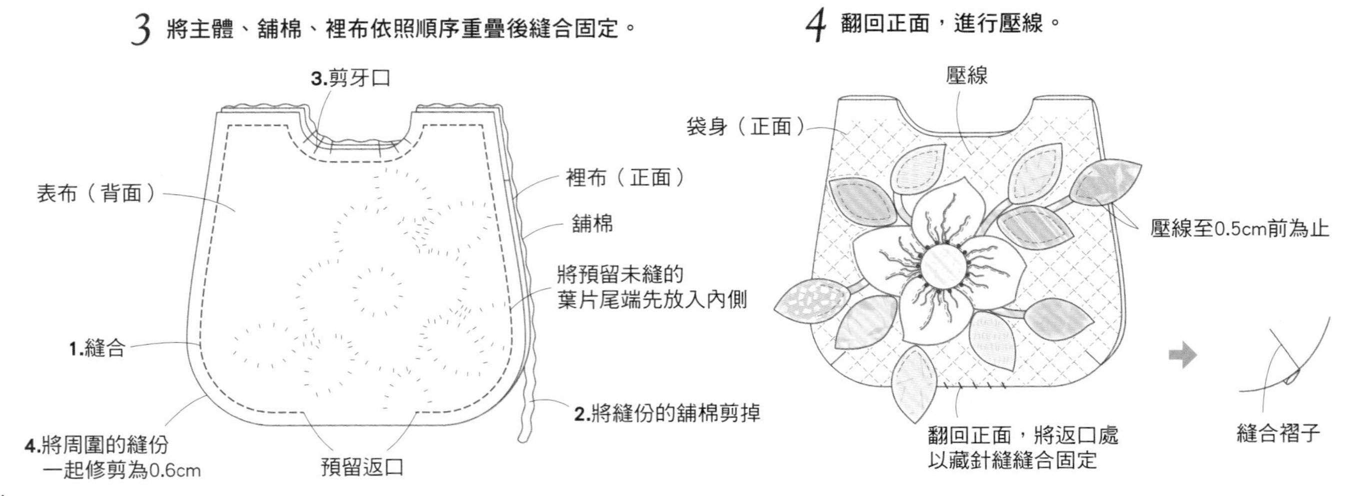

5 縫合固定已經完成貼布縫的口袋，並進行壓線。

6 後袋身以相同方法製作，並縫合固定口袋。

7 縫合側身，並進行壓線。

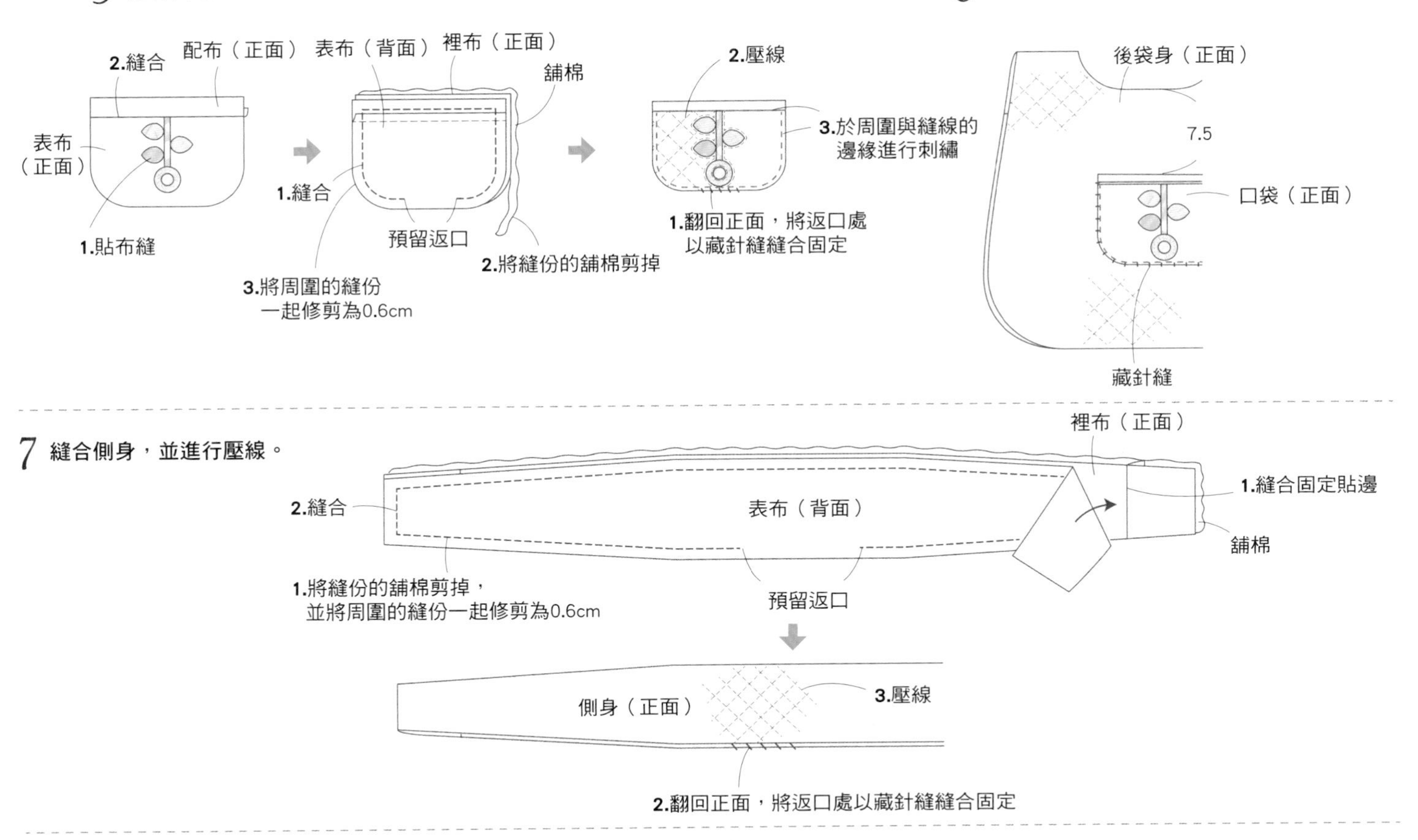

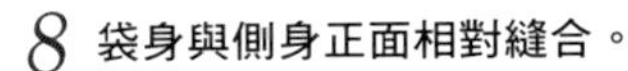

2.翻回正面，將返口處以藏針縫縫合固定

8 袋身與側身正面相對縫合。

9 將剩餘的貼布縫完成，壓線。

10 縫合固定提把。

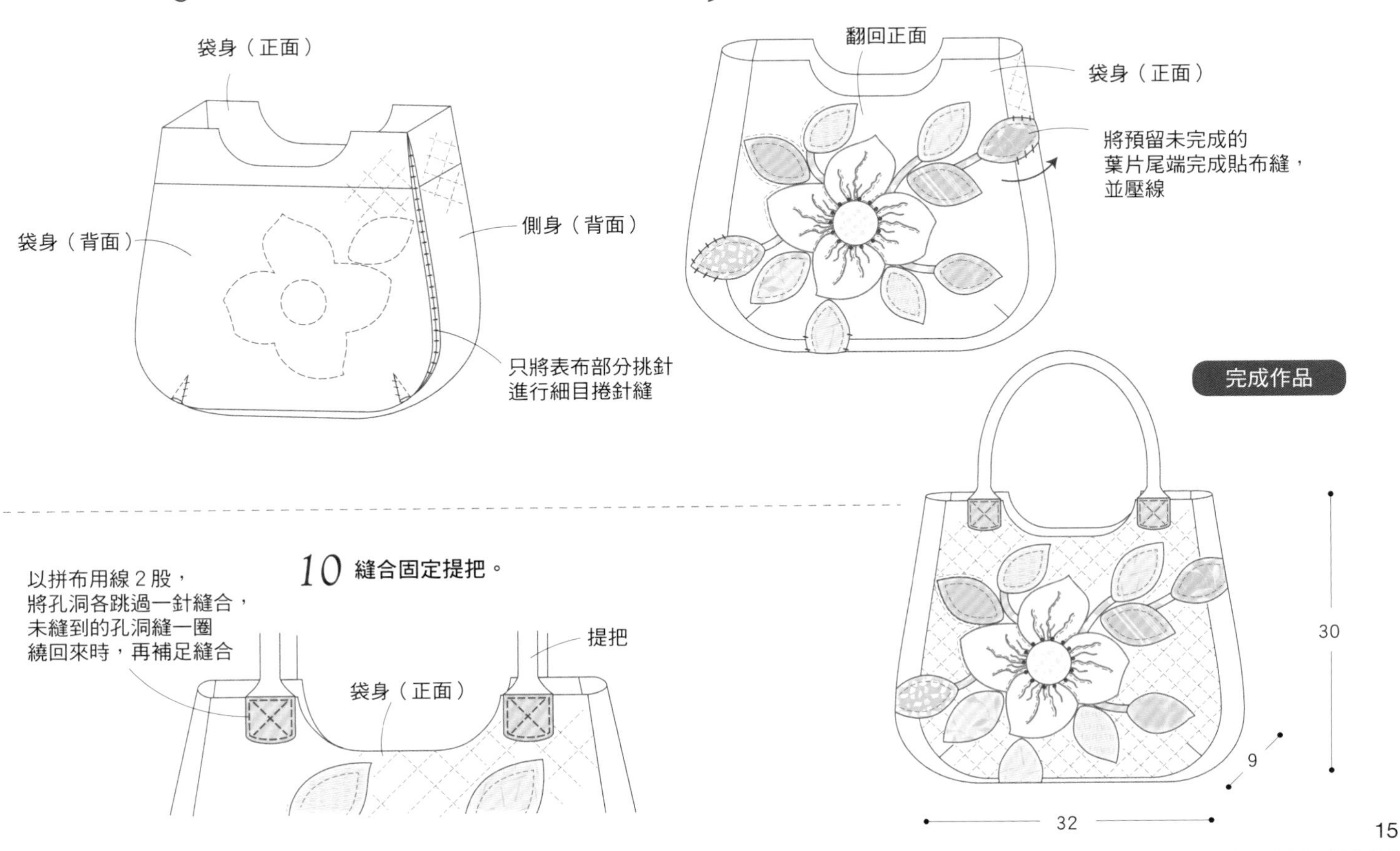

貼布縫&燭蕊&布料之間的最佳拍檔

作法／P.18

我愛上了這個包包的底色，
已經使用了大約10年。
低調的顏色，
可以與任何布料非常搭配的融合在一起，
利用市松花樣的織紋，
不需壓線就得到壓線的效果，
並創造了一個非常漂亮的陰影。
當我在花朵圖案的貼布縫上，
添加了蠟燭的燭火紋樣，
深度就展現出來了！

6

圖像的正面與背面不同，
背面有著可愛的貼布縫圖案。

五顏六色的花朵圖案裡，
添加了漂亮的燭蕊。
Candlewick 最初是指蠟燭的燭蕊，
在燭蕊的部分
透過針線繡出小小的顆粒效果，
更增添了拼布的趣味性。
現在，有「燭蕊」專用的繡線，
也有稱之為「8 字結粒繡」
專有技法的刺繡方式。

P.16 NO.6

貼布縫&燭蕊&布料之間的最佳拍檔

材料

- 貼布縫用布適量
- 表布（茶色梭織布色）60cm寬 90cm
- 鋪棉　50cm寬 80cm
- 裡布（淺綠色印花）50cm寬 80cm
- 提把（50cm）1 組
- 燭蕊用繡線（原色）

※貼布縫的縫份為 0.5cm、除了指定之外皆為 1 cm

原寸紙型 B 面

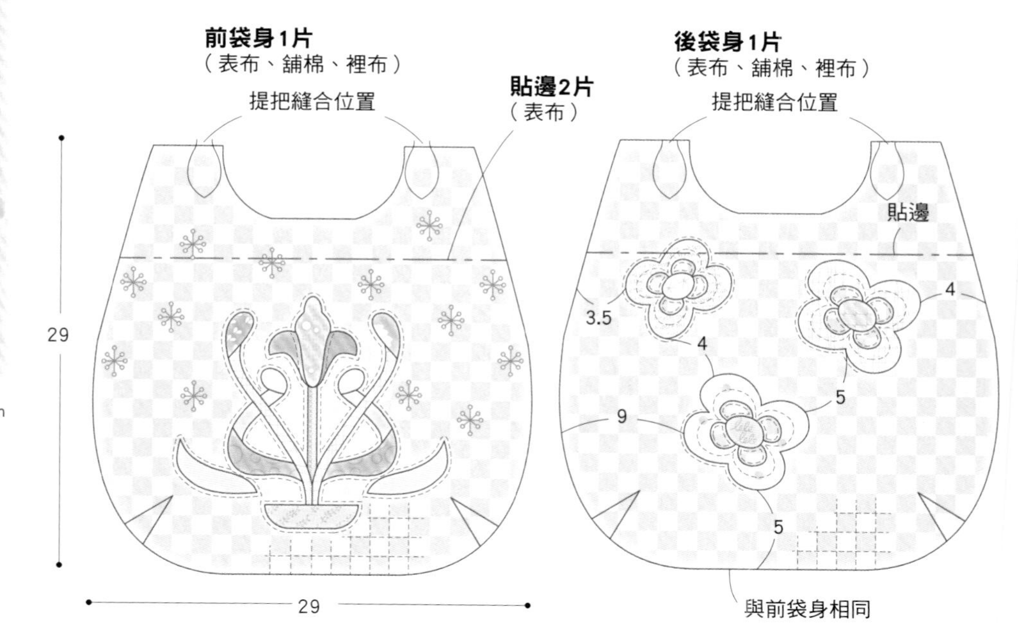

側身2片
（表布、鋪棉、裡布）
貼邊2片
（表布）
38
只有鋪棉以摺雙方式裁剪
10

1 完成貼布縫，製作袋身的主體。

表布（正面）

貼布縫

2 縫合裡布與貼邊。

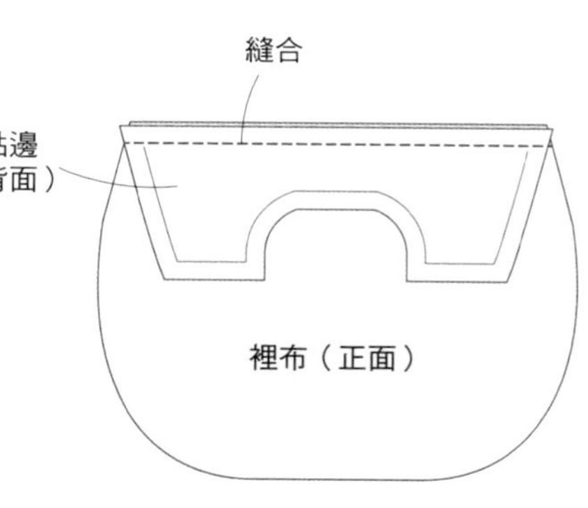

3 將袋身與鋪棉、裡布進行縫合。

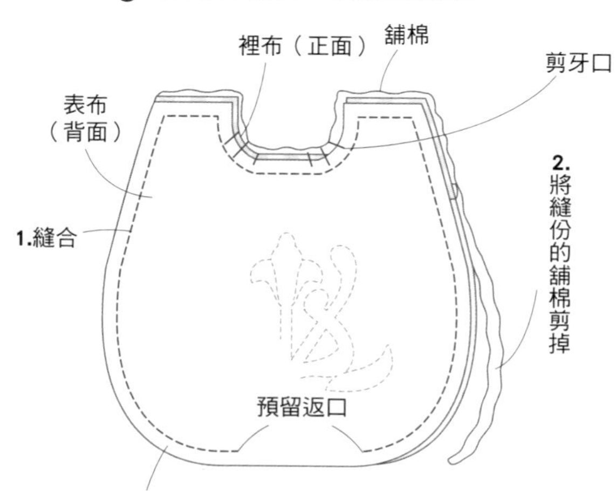

4 翻回正面，並進行壓線。

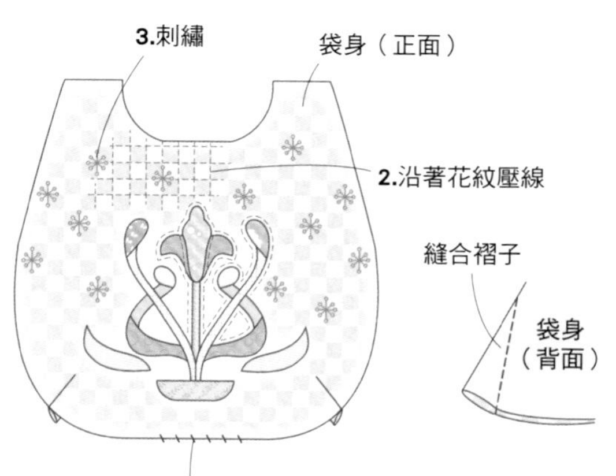

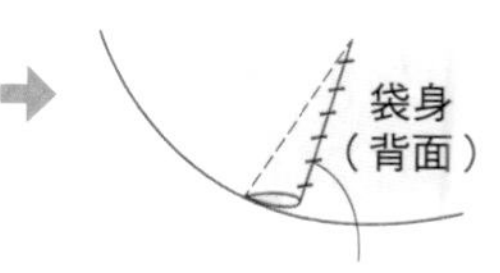

褶子倒向中心側，並以藏針縫固定

5 接縫裡布的側身，與貼邊縫合固定。

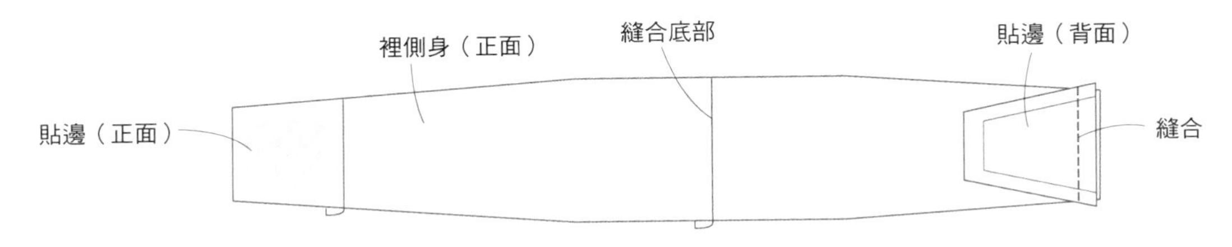

6 縫合側身，並進行壓線。

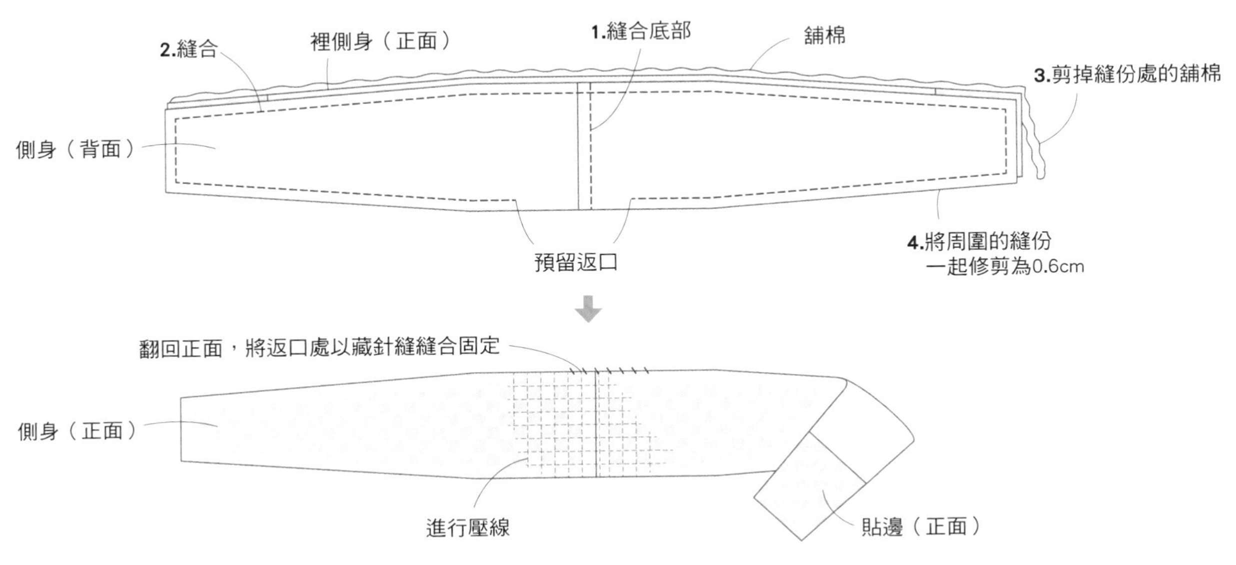

7 袋身與側身正面相對縫合。

8 縫合固定提把。

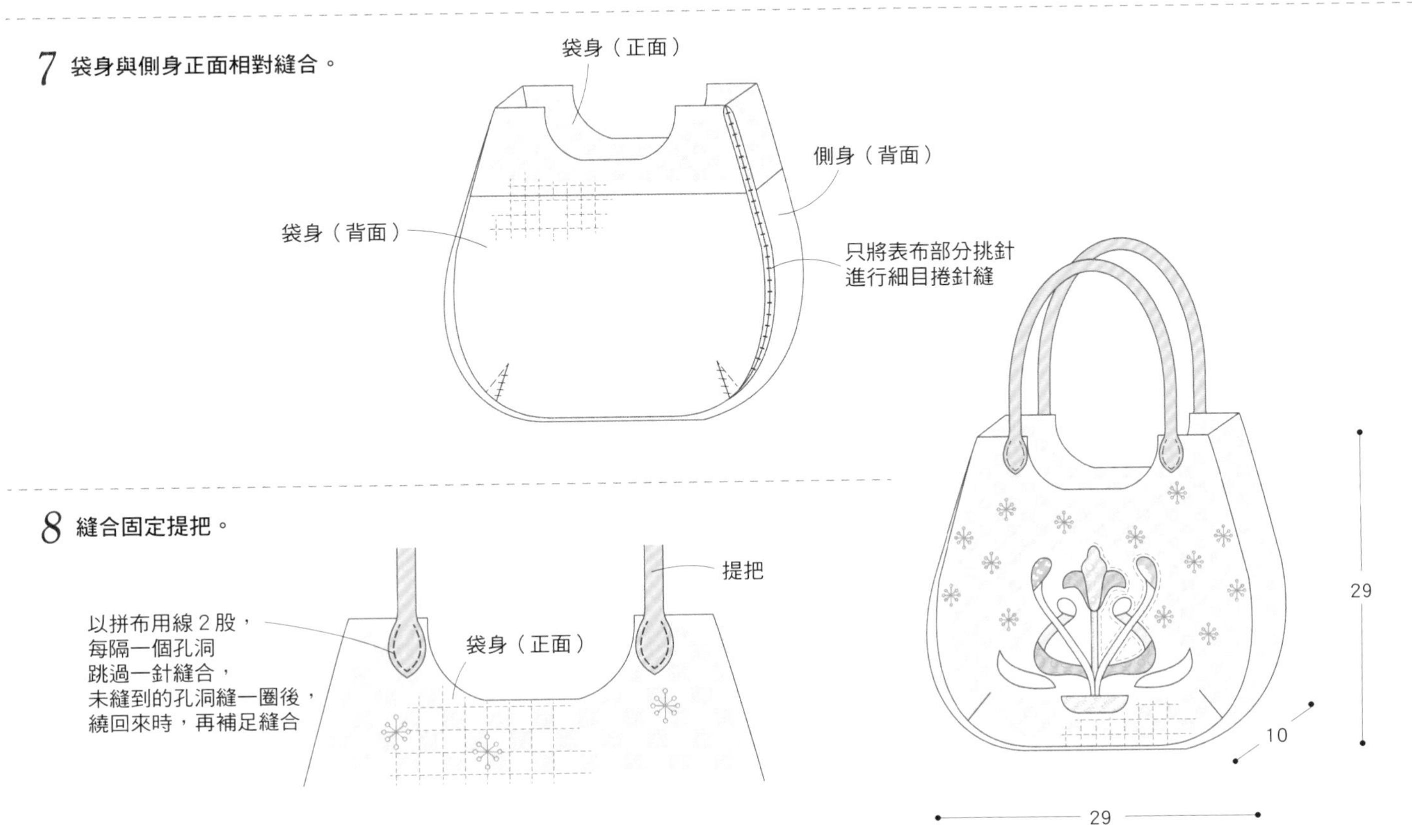

具有大方袋口布的優雅包

作法／P.22

圓滾滾的包型既可愛又優雅。
豪邁的用了大量的布料於口布的地方，
裝得下很多行李。

7

袋口處的口布，
像似優雅的蝴蝶結。

打開袋口讓人驚呼……
原來是這樣作的啊！

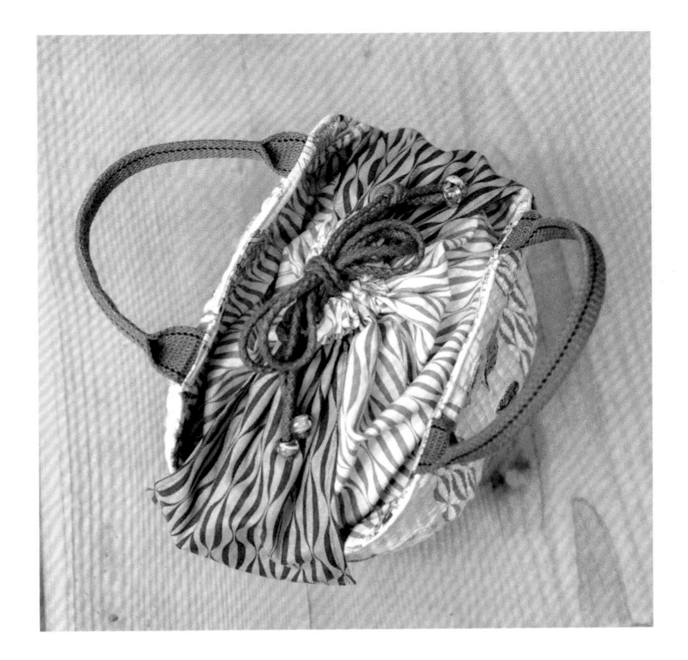

包包的袋口處像似一個包袱狀，
在繩索的邊端，加一個可愛的飾珠吧！

P.20 NO.7 具有大方袋口布的優雅包

原寸紙型 D 面

材料

- 貼布縫用布適量
- a 布（白色印花）60cm 寬 25cm
- b 布（白色條紋）50cm 寬 25cm
- c 布（淺灰色條紋）85cm 寬 35cm
- d 布（灰色條紋）60cm 寬 25cm
- 鋪棉 90cm 寬 50cm
- 裡布（原色印花）105cm 寬 40cm
  3.5cm 寬 65cm 斜紋布
- 布襯（薄）80cm 寬 20cm
- 提把（30cm）1 組
- 繩子（寬度 0.5cm）200cm
- 飾珠（直徑 1.5cm 玻璃珠）4 個
- 25 號繡線（茶色，綠色，粉紅色，淺藍色，黃色）

※縫份：拼接布片為 0.7cm、貼布縫為 0.5cm、除了指定之外皆為 1 cm

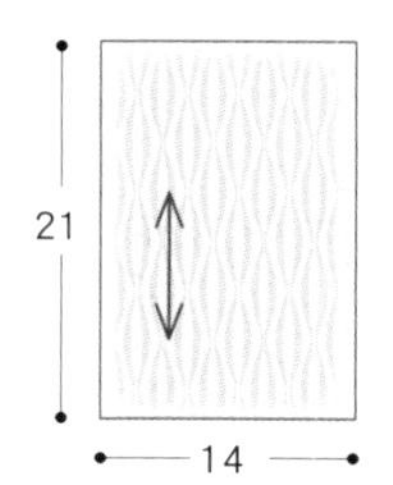

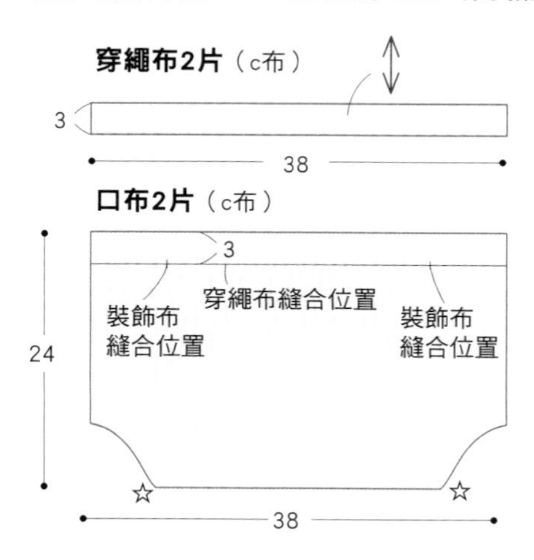

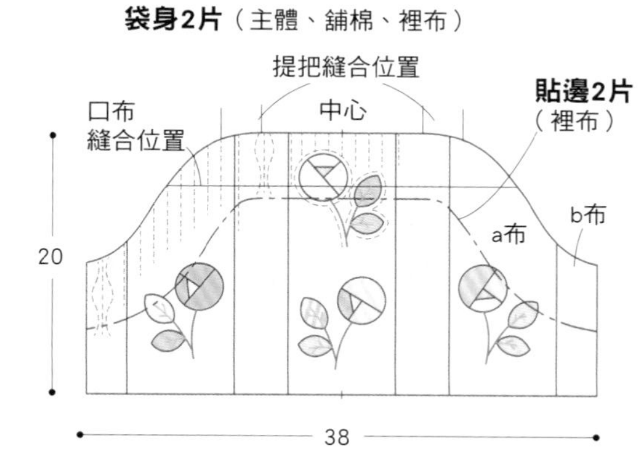

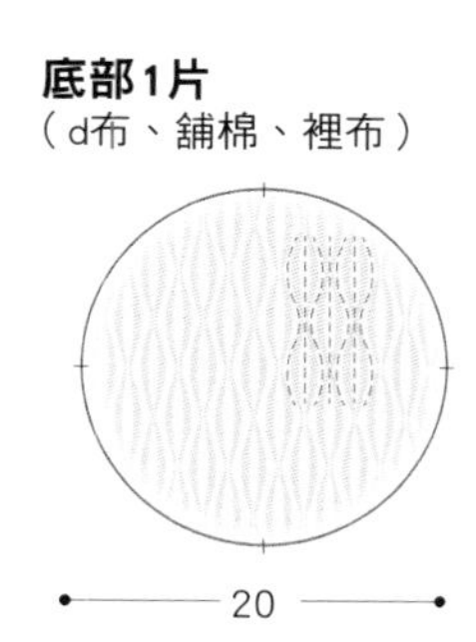

1 完成貼布縫、拼接縫合布片，製作袋身的主體。

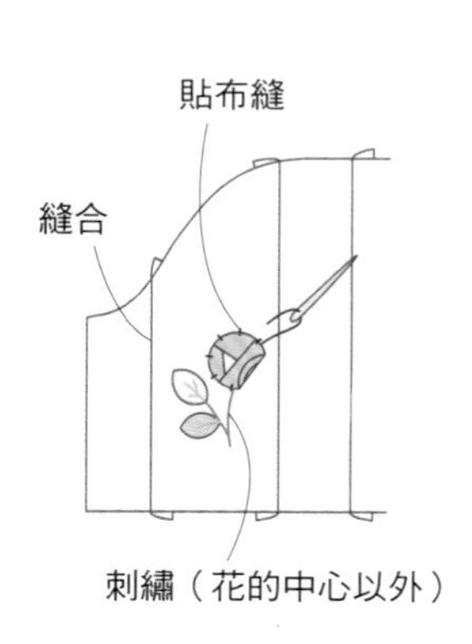

2 壓線，並製作袋身。

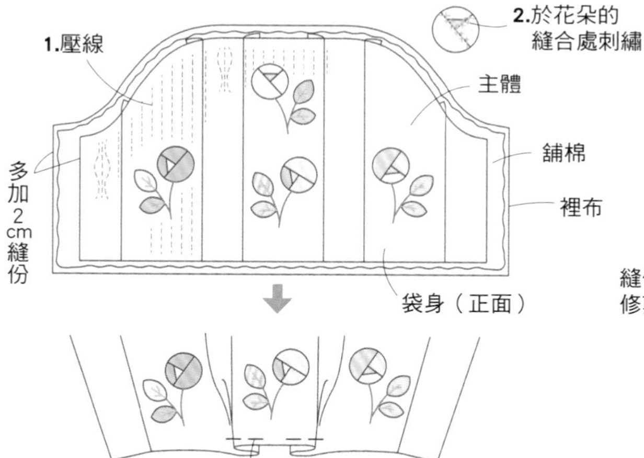

3 縫合袋身的脇邊，並包捲縫份。

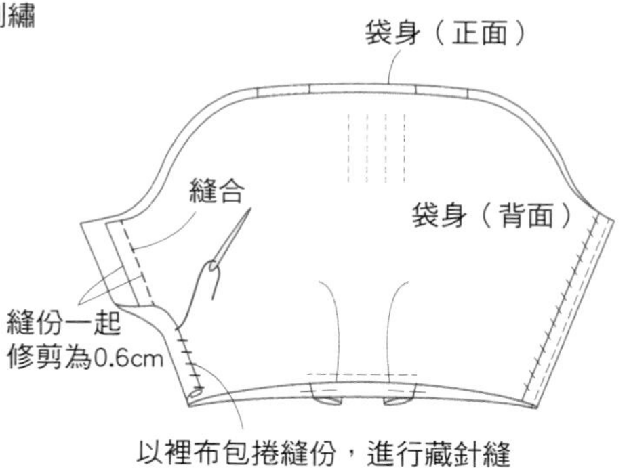

4 底部進行壓線。

底部（正面）
鋪棉
d布
裡布
沿著花紋進行壓線

5 袋身與底部縫合。

袋身（背面）
縫合
底部（背面）
袋身（背面）
0.6
以斜紋布條滾邊處理

6 縫合固定提把。

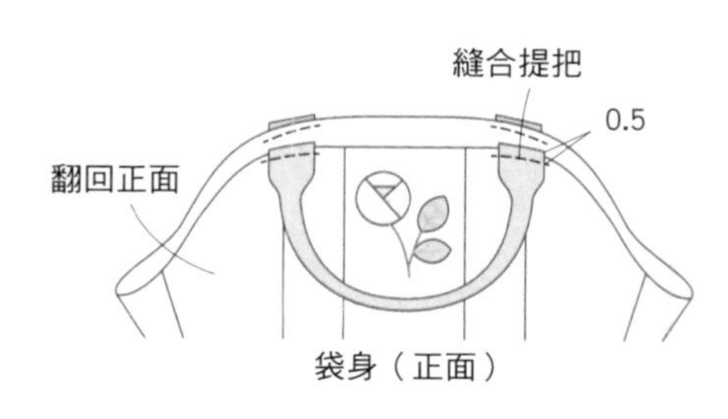

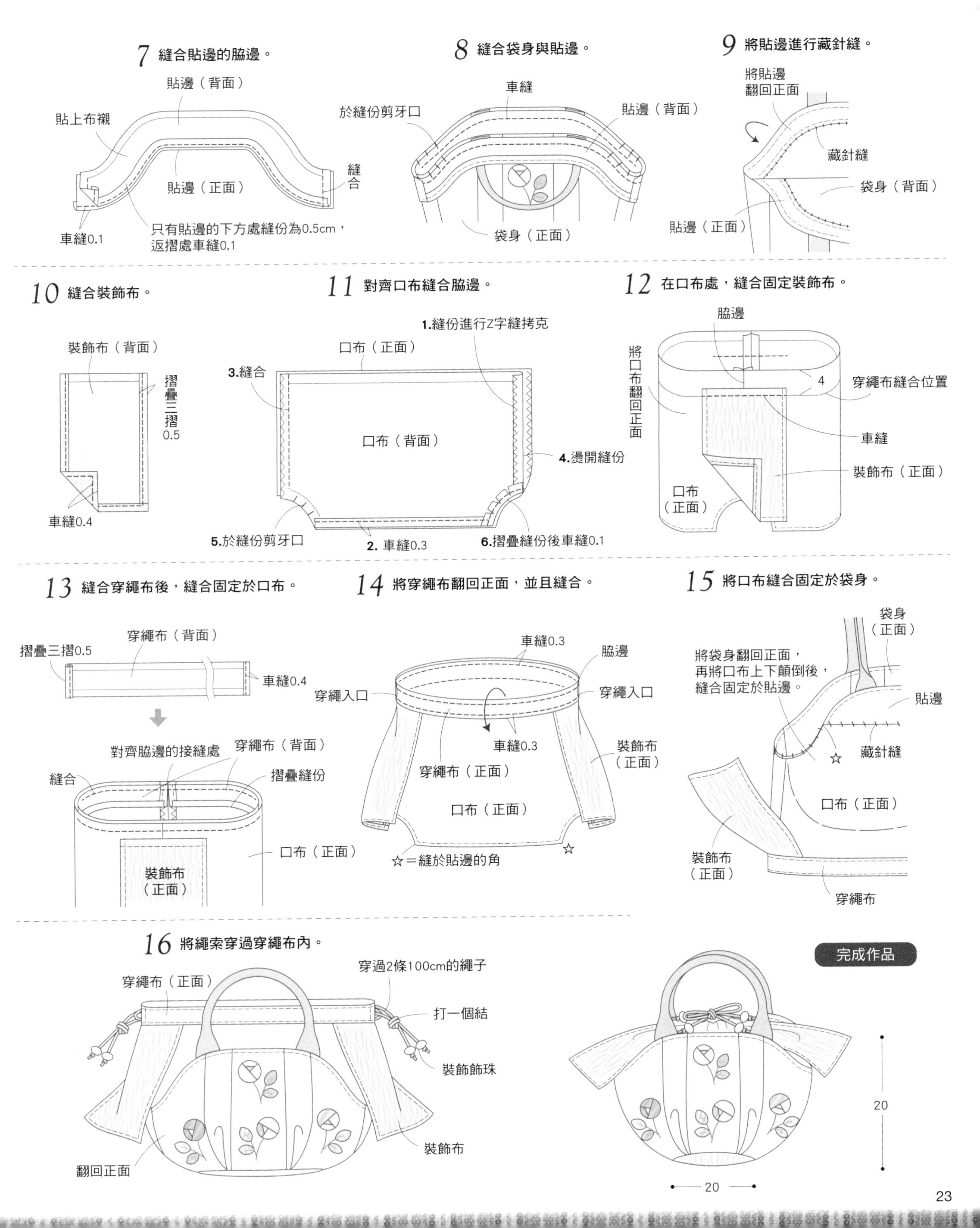
7 縫合貼邊的脇邊。
貼邊（背面）
貼上布襯
貼邊（正面）
縫合
車縫0.1
只有貼邊的下方處縫份為0.5cm，
返摺處車縫0.1
8 縫合袋身與貼邊。
車縫
於縫份剪牙口
貼邊（背面）
袋身（正面）
9 將貼邊進行藏針縫。
將貼邊
翻回正面
藏針縫
袋身（背面）
貼邊（正面）
10 縫合裝飾布。
裝飾布（背面）
摺疊三摺
0.5
車縫0.4
11 對齊口布縫合脇邊。
1.縫份進行Z字縫拷克
口布（正面）
3.縫合
口布（背面）
4.燙開縫份
5.於縫份剪牙口
2. 車縫0.3
6.摺疊縫份後車縫0.1
12 在口布處，縫合固定裝飾布。
脇邊
將口布翻回正面
4
穿繩布縫合位置
車縫
裝飾布（正面）
口布
（正面）
13 縫合穿繩布後，縫合固定於口布。
穿繩布（背面）
摺疊三摺0.5
車縫0.4
對齊脇邊的接縫處
穿繩布（背面）
縫合
摺疊縫份
口布（正面）
裝飾布
（正面）
14 將穿繩布翻回正面，並且縫合。
車縫0.3
脇邊
穿繩入口
穿繩入口
車縫0.3
裝飾布
（正面）
穿繩布（正面）
口布（正面）
☆＝縫於貼邊的角
15 將口布縫合固定於袋身。
袋身
（正面）
將袋身翻回正面，
再將口布上下顛倒後，
縫合固定於貼邊。
貼邊
藏針縫
口布（正面）
裝飾布
（正面）
穿繩布
16 將繩索穿過穿繩布內。
穿繩布（正面）
穿過2條100cm的繩子
打一個結
裝飾飾珠
裝飾布
翻回正面
完成作品
20
20

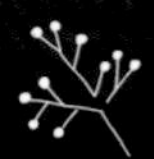

偶然製成的優雅色彩包

作法／P.26

我使用過的影印紙不會扔掉，會繼續使用背面。
當我在設計包包時， 利用影印紙的背面作出立體圖案，
偶然之間，畫在正面的檸檬星圖案透過正面。
「啊！就是這個！」就是這樣偶然製造出的包包，但是，它竟成了我最喜歡的包款之一。

讓心情平穩踏實的水手藍 作法／P.27

自從兩、三年前被水手藍吸引後，我持續了這個設計。
「它適合搭配哪種顏色？」您可以回到原來的初心，面對最誠實的原貌。
所以，我嘗試將包包作成簡潔的菱形，沒有太多裝飾，以最大程度地發揮布料的魅力。

9

P.24 NO.8 偶然製成的優雅色彩包

材料

- 拼接用布（8 種深色）合計 35cm 寬 40cm
- 拼接用布（米白色梭織布）45cm 寬 45cm
- 貼布縫用布（淺粉紅色）4cm 寬 4cm
- 底布，邊框（灰色梭織布）30cm 寬 25cm
- 表布（米白色梭織布）100cm 寬 40cm
- 鋪棉 40cm 寬 70cm
- 裡布（白色印花布）40cm 寬 70cm
- 提把（50cm）1 組
- 25 號繡線（原色，灰色，深灰色）

※縫份：拼接布片為 0.7cm、貼布縫為 0.5cm、除了指定之外皆為 1 cm

原寸紙型 B 面

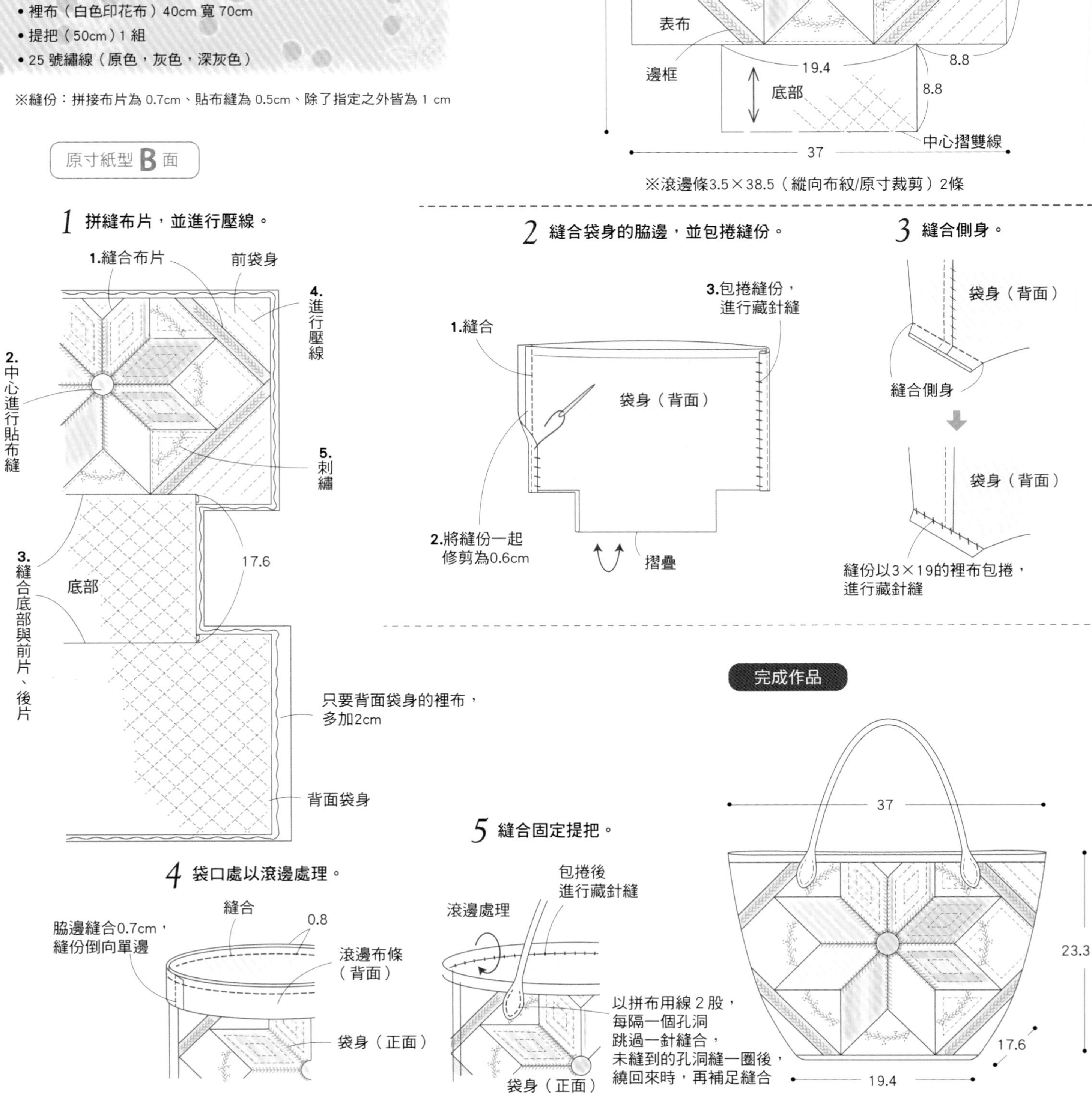

P.25 NO.9 讓心情平穩踏實的水手藍

材料

- 拼接用布（藍色，深棕色）總計 100cm 寬 35cm
- 拼接用布、表布（原色印花）100cm 寬 55cm
  3.5cm 寬 80cm 斜紋布
- 鋪棉 100cm 寬 55cm
- 裡布（淺藍色）100cm 寬 55cm
- 提把（50cm）1 條

※拼接布片的縫份為 0.7cm，除了指定之外皆為 1 cm

原寸紙型 D 面

袋身1片（主體、鋪棉、裡布）

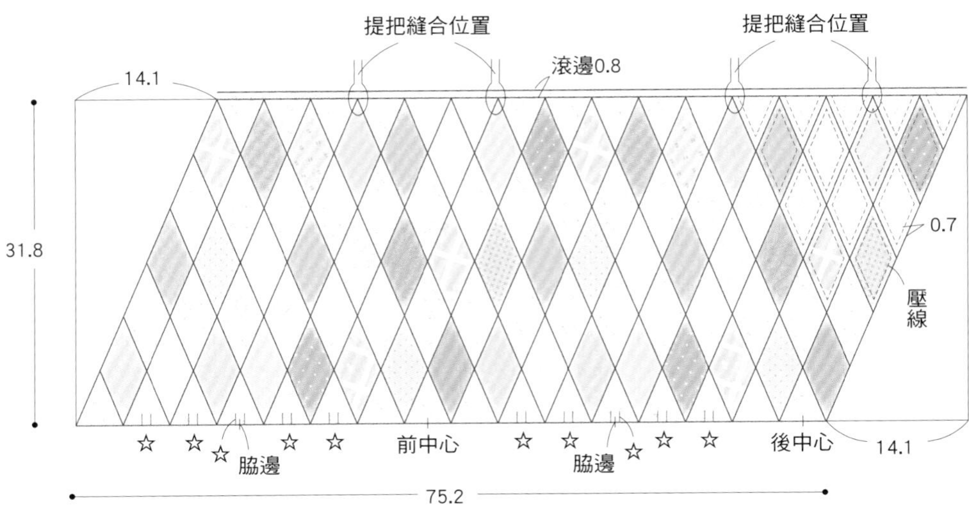

☆＝1.7褶子（拼縫布片的中心）

底部1片（表布、鋪棉、裡布）

1 拼縫布片，並進行壓線。

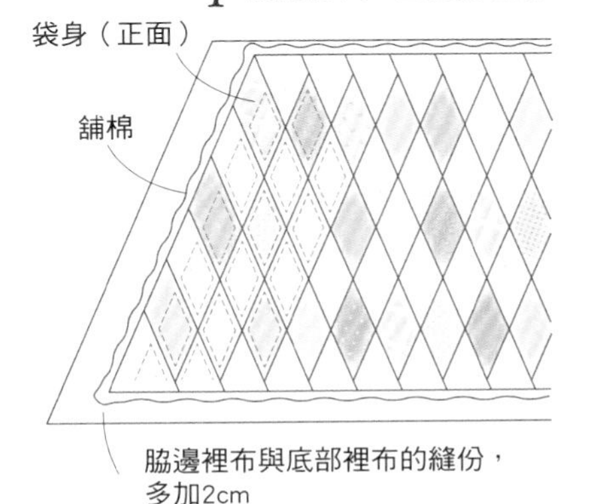

2 縫合褶子。

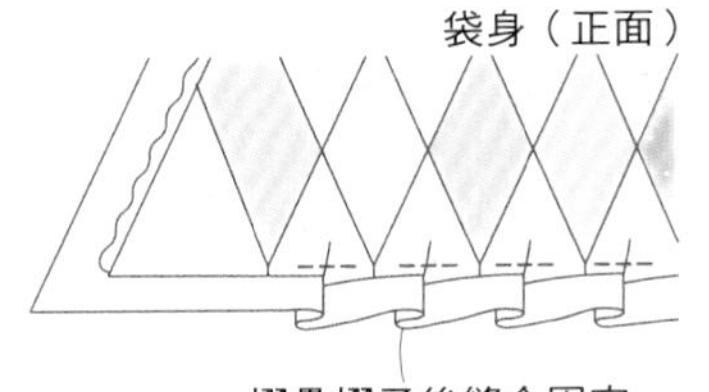

3 縫合脇邊，並包捲縫份。

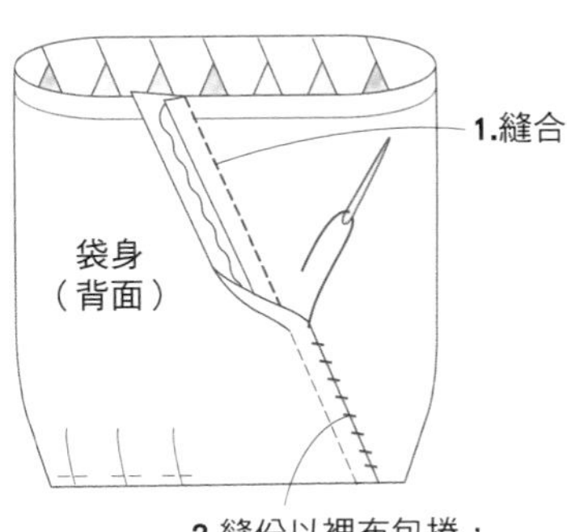

4 製作底部，與袋身縫合固定。

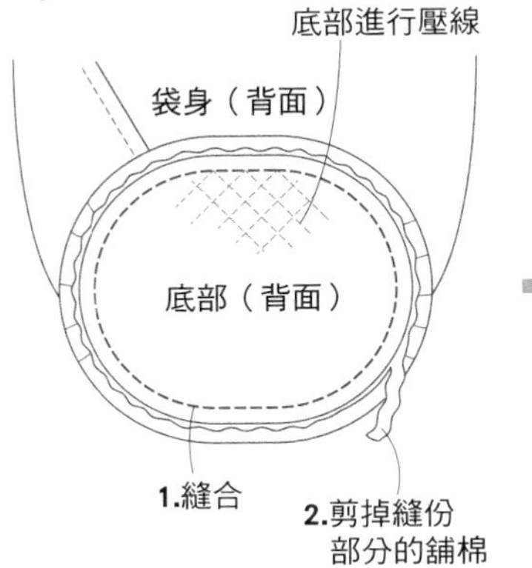

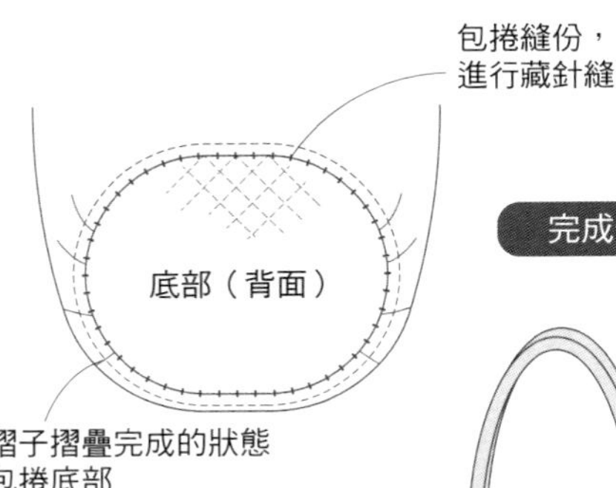

完成作品

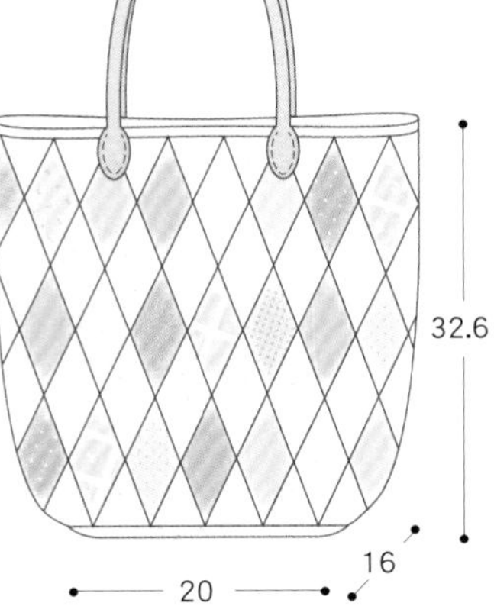

5 袋口處以滾邊處理。

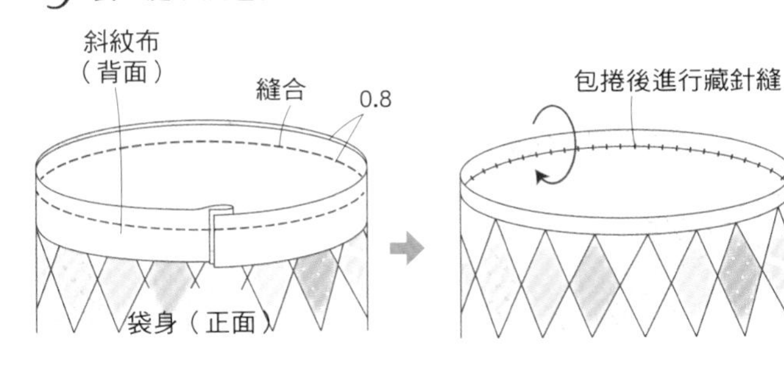

6 縫合固定提把。

以拼布用線 2 股，每隔一個孔洞
跳過一針縫合，未縫到的孔洞縫一圈後，
繞回來時，再補足縫合

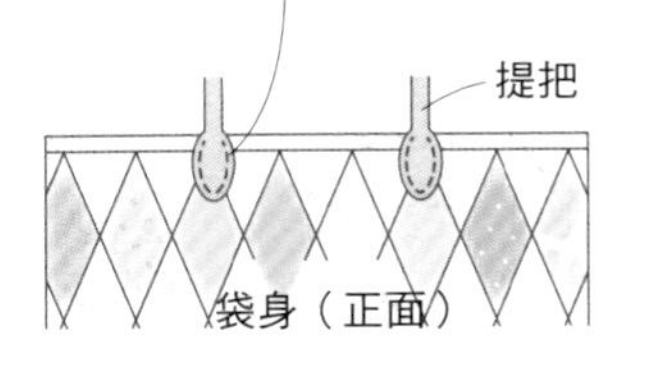

作法／P.30

若使用先染布作為基底，
大型包會很加牢固。
先染布外觀時尚，易於使用。
可愛的色彩與葉片，
為您帶來令人怦然心動的效果。

包包的後側。

內側的口袋拉鍊，
裝飾可愛的小飾品。

隨風飄逸的可愛葉片

作法／P.82

11

若小心翼翼地排列這些小葉子，它們似乎開始搖曳晃動。
讓我們可以成功不墜落，永遠在一起。
也很適合當成備用包，輕巧扁平的形狀很受歡迎。

P.28 NO.10 還是托特包最實用！

原寸紙型 A 面

材料

- 拼接用布（20 種）各 10cm 寬 10cm
- 表布，拼接用布（純棕色）110cm 寬 45cm
- 貼布縫用布適量
- 鋪棉 80cm 寬 45cm
- 裡布（淺綠色印花）110cm 寬 45cm
- 拉鍊（24cm）一條
- 提把（41cm）1 組
- 繩子（寬度 0.1cm）20cm
- 繩子裝飾布（純紅色）7cm 寬 7cm
- 25 號繡線（棕色）

※縫份：拼接布片為 0.7cm、貼布縫為 0.5cm、除了指定之外皆為 1 cm

前袋身1片（主體、鋪棉、裡布）

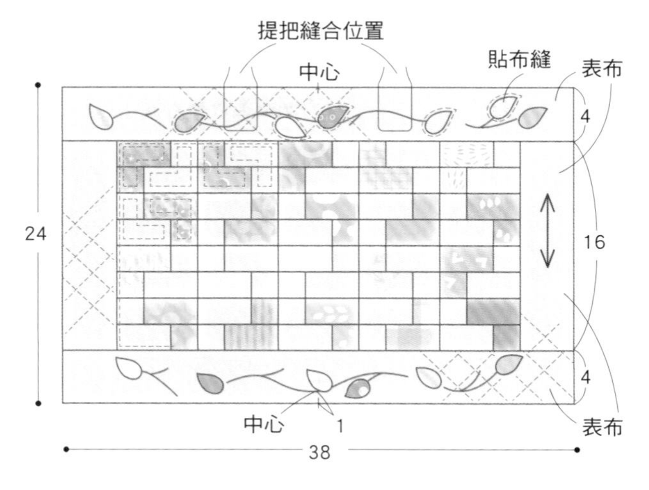

後袋身1片（主體、鋪棉、裡布）

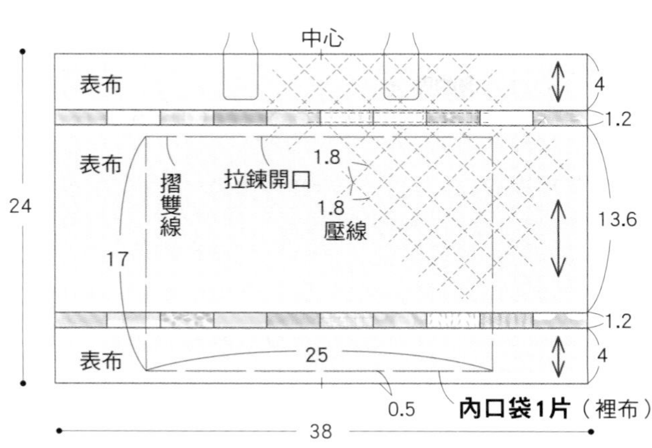

底部1片（表布、鋪棉、裡布）

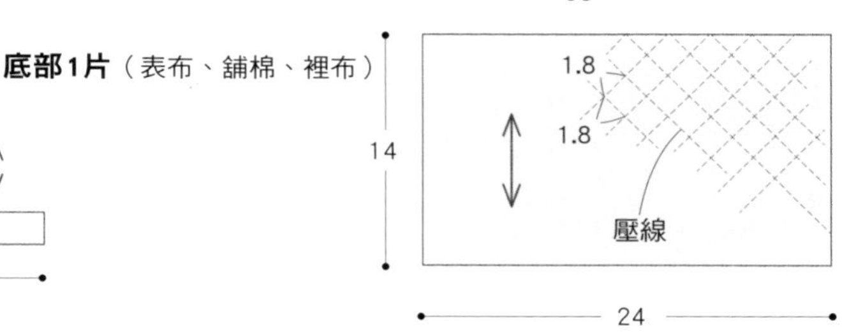

貼邊2片（表布）

2

38

1 拼縫布片，並製作主體。

2 壓線後，製作袋身。

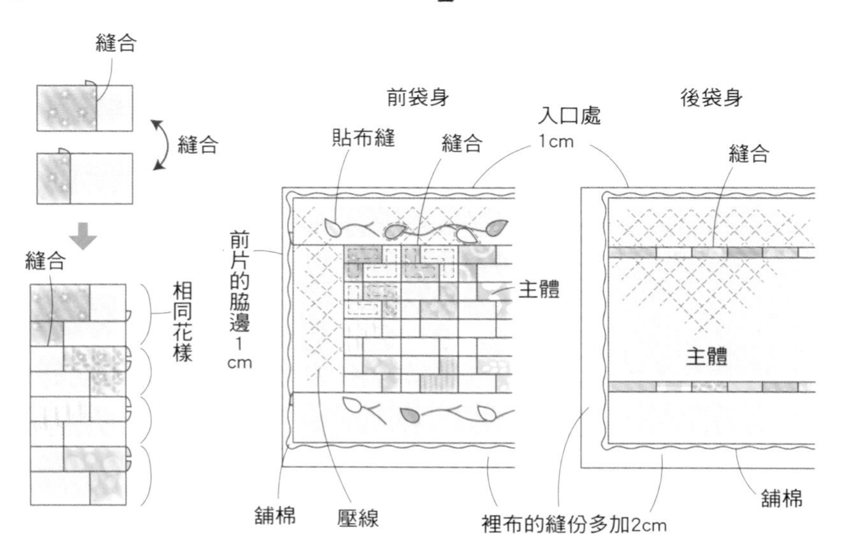

3 底部進行壓線，與袋身縫合固定。

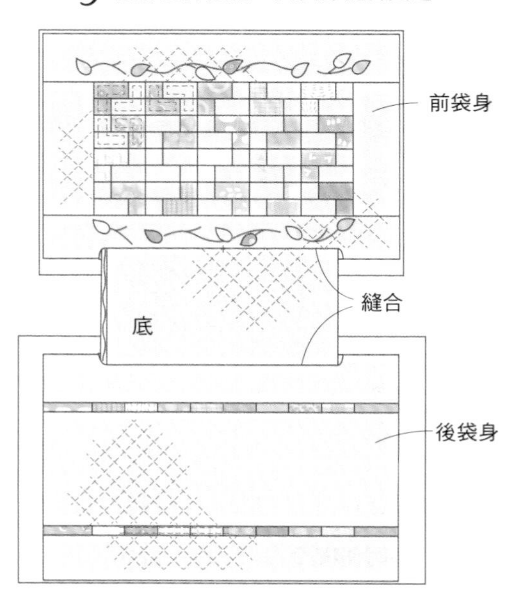

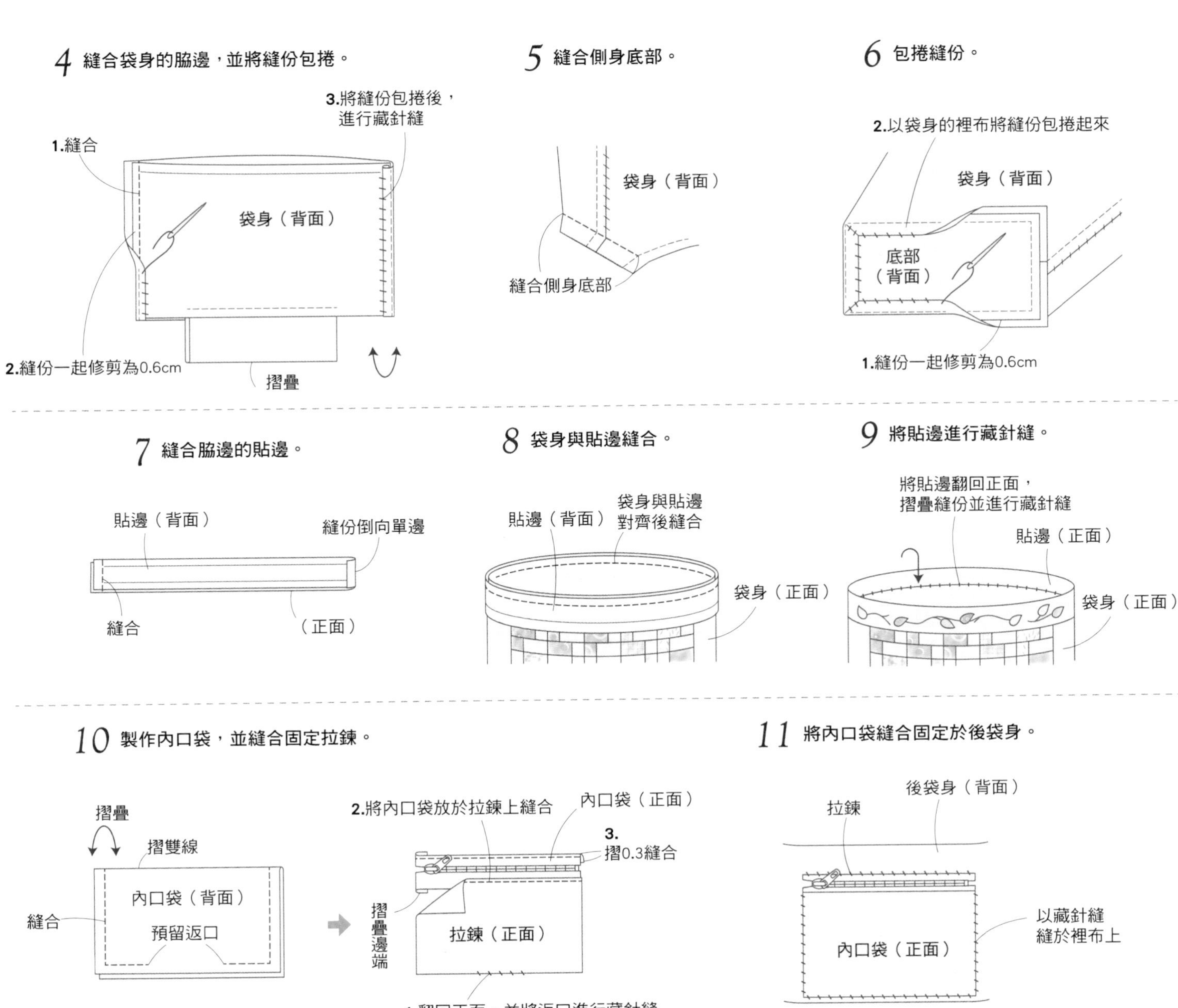
4 縫合袋身的脇邊，並將縫份包捲。
1.縫合
3.將縫份包捲後，進行藏針縫
袋身（背面）
2.縫份一起修剪為0.6cm
摺疊
5 縫合側身底部。
袋身（背面）
縫合側身底部
6 包捲縫份。
2.以袋身的裡布將縫份包捲起來
袋身（背面）
底部（背面）
1.縫份一起修剪為0.6cm
7 縫合脇邊的貼邊。
貼邊（背面）
縫份倒向單邊
縫合
（正面）
8 袋身與貼邊縫合。
貼邊（背面）
袋身與貼邊對齊後縫合
袋身（正面）
9 將貼邊進行藏針縫。
將貼邊翻回正面，摺疊縫份並進行藏針縫
貼邊（正面）
袋身（正面）
10 製作內口袋，並縫合固定拉鍊。
摺疊
摺雙線
內口袋（背面）
縫合
預留返口
2.將內口袋放於拉鍊上縫合
內口袋（正面）
3.摺0.3縫合
摺疊邊端
拉鍊（正面）
1.翻回正面，並將返口進行藏針縫
11 將內口袋縫合固定於後袋身。
後袋身（背面）
拉鍊
內口袋（正面）
以藏針縫縫於裡布上

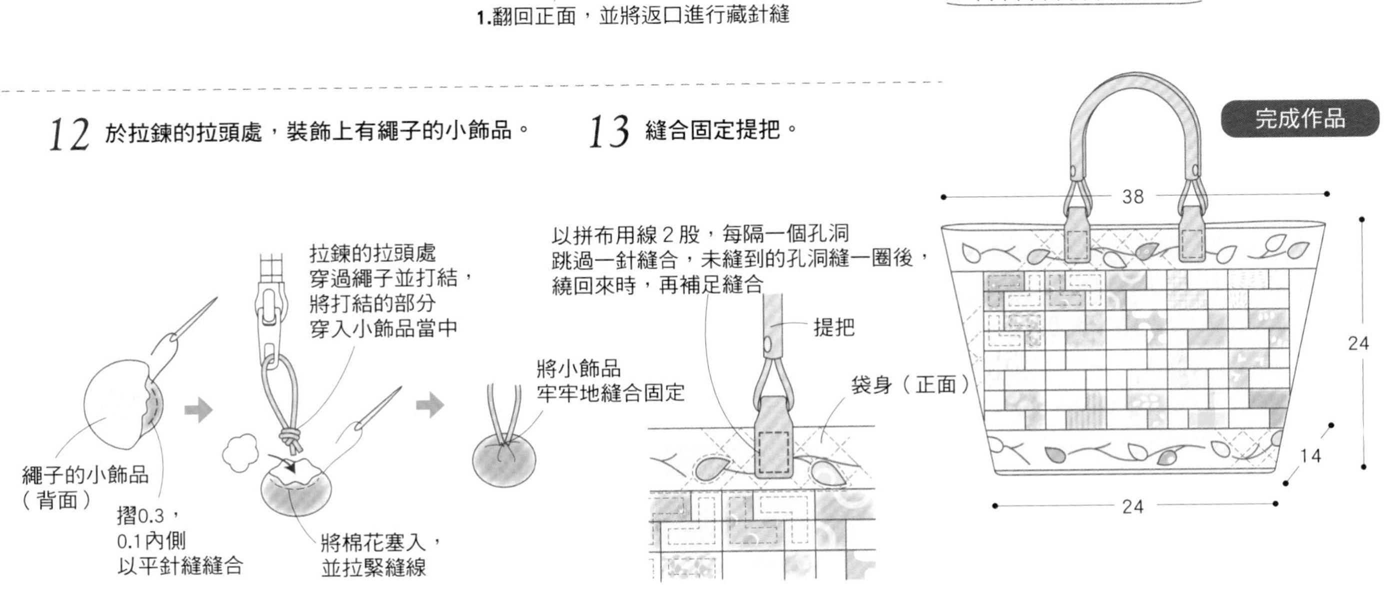
12 於拉鍊的拉頭處，裝飾上有繩子的小飾品。
拉鍊的拉頭處穿過繩子並打結，將打結的部分穿入小飾品當中
繩子的小飾品（背面）
摺0.3，0.1內側以平針縫縫合
將棉花塞入，並拉緊縫線
將小飾品牢牢地縫合固定
13 縫合固定提把。
以拼布用線２股，每隔一個孔洞跳過一針縫合，未縫到的孔洞縫一圈後，繞回來時，再補足縫合
提把
袋身（正面）
完成作品
38
24
14
24

如同旋轉糖漬柑橘的可愛包包

取名為「糖漬柑橘」的版型名稱。
當您想像為橘皮排列起來時的景象，
就會感覺它幽默又可愛。
基底表布為梭織布的人字緞帶花紋布料，
並將手柄提高了等級。

12

作法／P.34

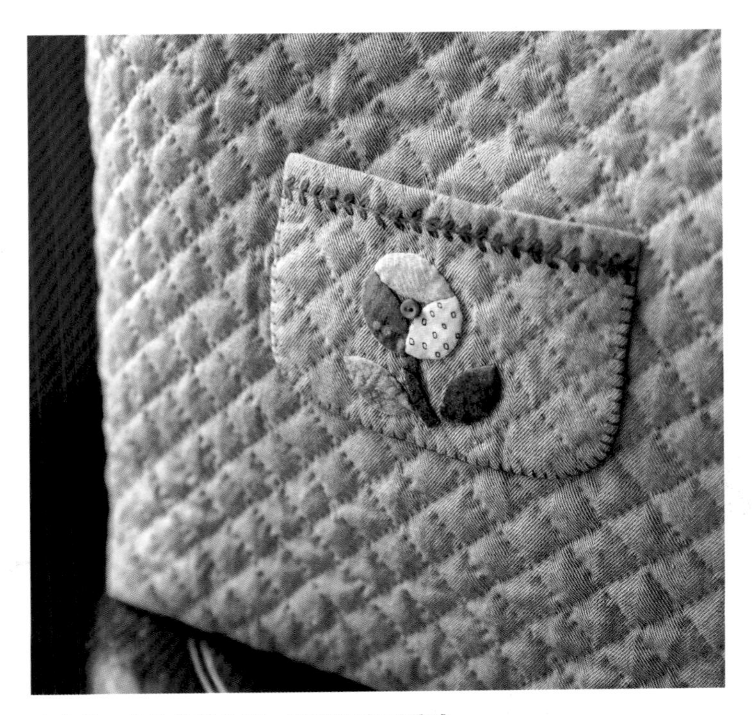

小小的口袋裝飾於後側，更顯現出可愛感。

側身加大，

對於它的收納能力倍感安心。

P.32 NO.12 如同旋轉糖漬柑橘的可愛包包

材料

- 貼布縫用布適量
- 拼接用布（深色）總計 50cm 寬 15cm
- 拼接用布（灰色）35cm 寬 35cm
- 表布（灰色棱織布）60cm 寬 90cm
- 鋪棉 60cm 寬 90cm
- 裡布（淺藍色）60cm 寬 90cm
- 提把（48cm）1 組
- 鈕釦（直徑 0.6cm）1 個
- 25 號繡線（綠色，黃綠色）

※縫份：拼接布片為 0.7cm、貼布縫為 0.5cm、除了指定之外皆為 1 cm

原寸紙型 A 面

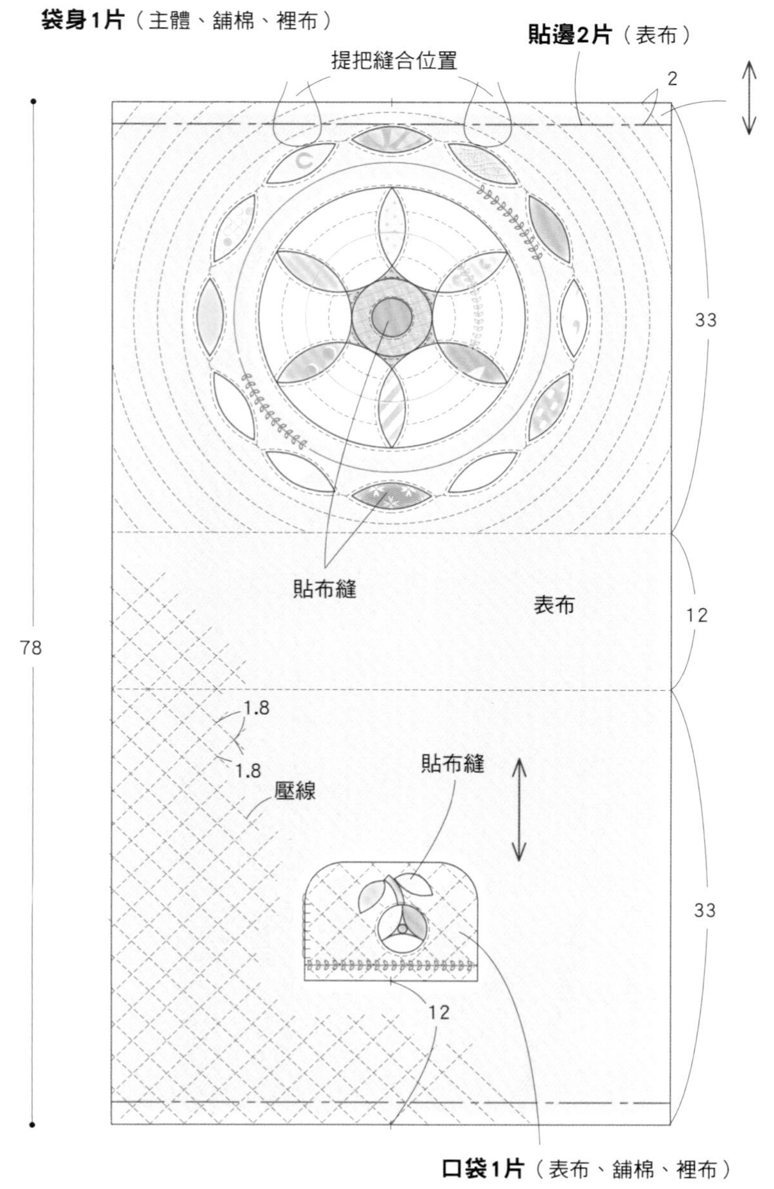

1 拼縫布片，並完成貼布縫部分。

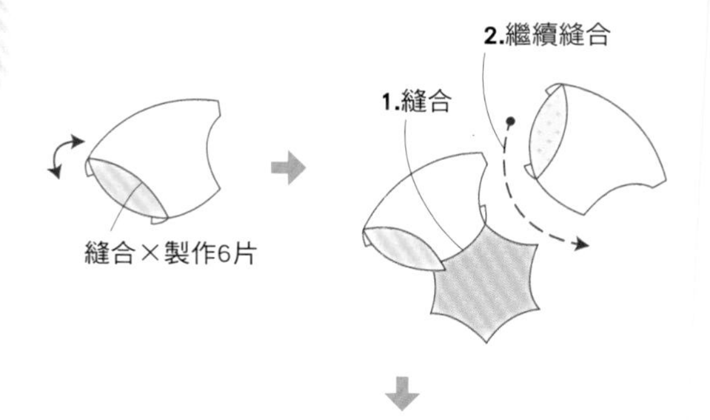

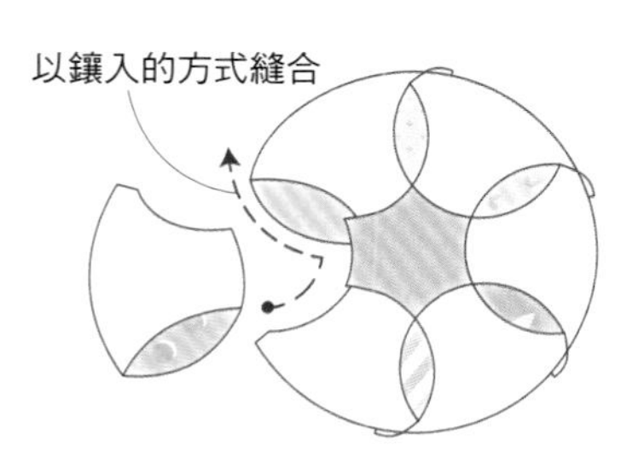

2 於表布進行貼布縫。

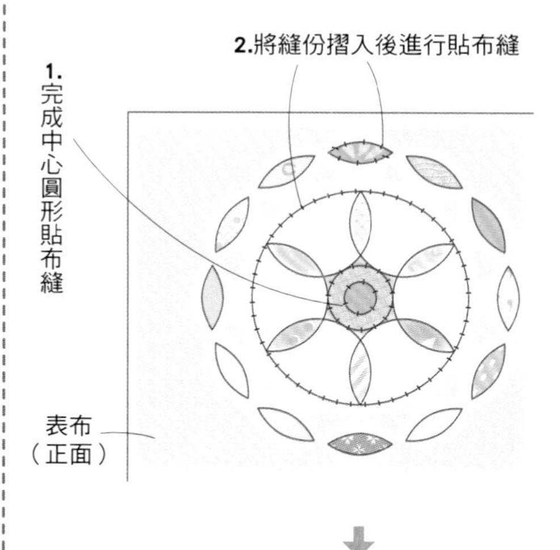

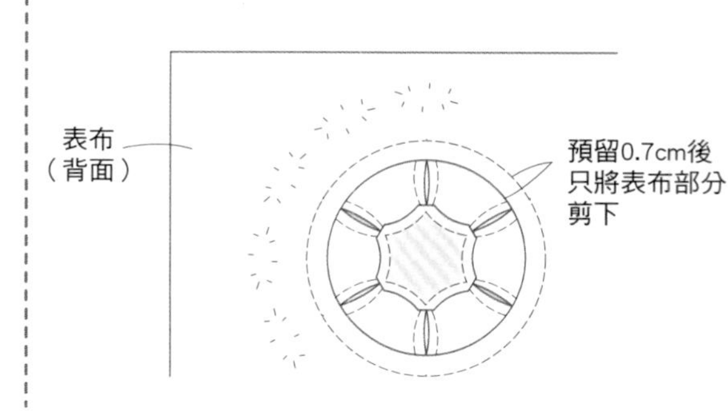

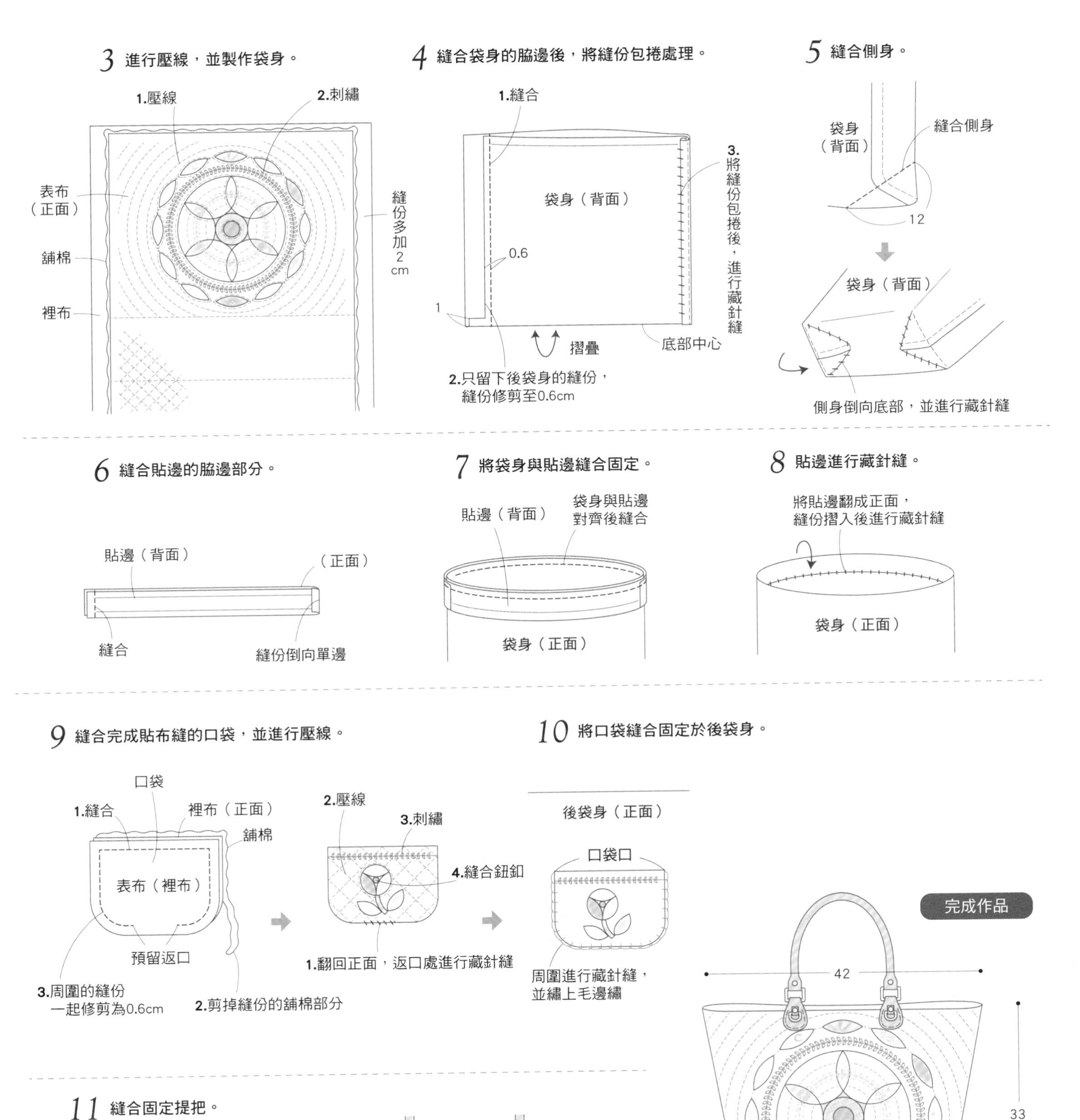
3 進行壓線，並製作袋身。
1.壓線
2.刺繡
表布（正面）
鋪棉
裡布
縫份多加2cm
4 縫合袋身的脇邊後，將縫份包捲處理。
1.縫合
袋身（背面）
3.將縫份包捲後，進行藏針縫
0.6
1
摺疊
底部中心
2.只留下後袋身的縫份，縫份修剪至0.6cm
5 縫合側身。
袋身（背面）
縫合側身
12
袋身（背面）
側身倒向底部，並進行藏針縫
6 縫合貼邊的脇邊部分。
貼邊（背面）
（正面）
縫合
縫份倒向單邊
7 將袋身與貼邊縫合固定。
貼邊（背面）
袋身與貼邊對齊後縫合
袋身（正面）
8 貼邊進行藏針縫。
將貼邊翻成正面，縫份摺入後進行藏針縫
袋身（正面）
9 縫合完成貼布縫的口袋，並進行壓線。
口袋
1.縫合
裡布（正面）
鋪棉
表布（裡布）
預留返口
3.周圍的縫份一起修剪為0.6cm
2.剪掉縫份的鋪棉部分
2.壓線
3.刺繡
4.縫合鈕釦
1.翻回正面，返口處進行藏針縫
10 將口袋縫合固定於後袋身。
後袋身（正面）
口袋口
周圍進行藏針縫，並繡上毛邊繡
完成作品
42
33
12
30
11 縫合固定提把。
以拼布用線2股，每隔一個孔洞跳過一針縫合，未縫到的孔洞縫一圈後，繞回來時，再補足縫合
袋身（正面）

1.2.3的成熟系包包

作法／P.38

充滿成熟嫵媚風情的設計包款。
是什麼款式的製圖，很好奇吧?!
若基底布料有110cm×50cm，就可以完成。
為該設計製作了完全不同的貼布縫，
也會非常優美出色。
我想動手作各式各樣的嘗試。

13

後側的貼布縫是一朵花

漫遊丹麥之旅扁包

作法／P.43

這個夏天，我去丹麥旅行時帶的包包。
我將想像中的花朵添加到了麻布上。
它融化成為當地街道的色彩，讓我感到雀躍無比。

14

P.36 NO.13 1.2.3的成熟系包包

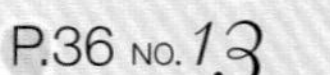

材料

- 貼布縫用布適量
- 裡布（灰色印花）110cm寬 50cm
- 裡布（灰色印花）70cm寬 100cm
- 鋪棉 70cm寬 100cm
- 人造皮革（深棕色）8cm寬 16cm

※貼布縫的縫份為 0.5cm、除了指定之外皆為 1 cm

原寸紙型 B 面

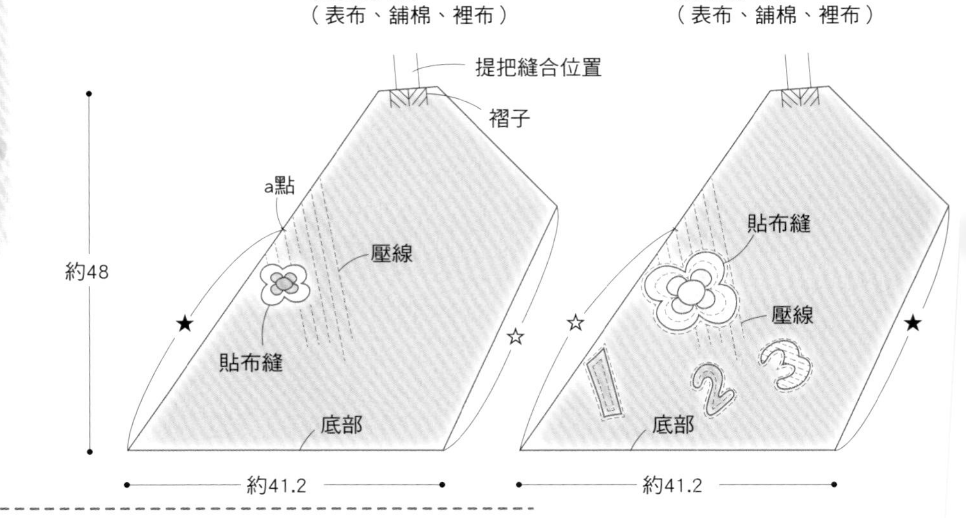

提把1組

8 原寸裁剪 人造皮革

16

1 完成貼布縫，製作主體。

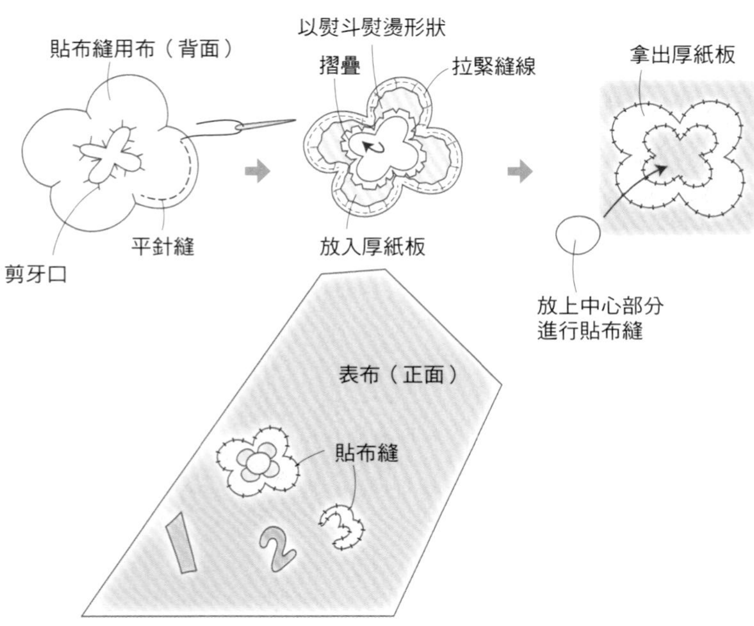

2 重疊表布與裡布、鋪棉後進行縫合。

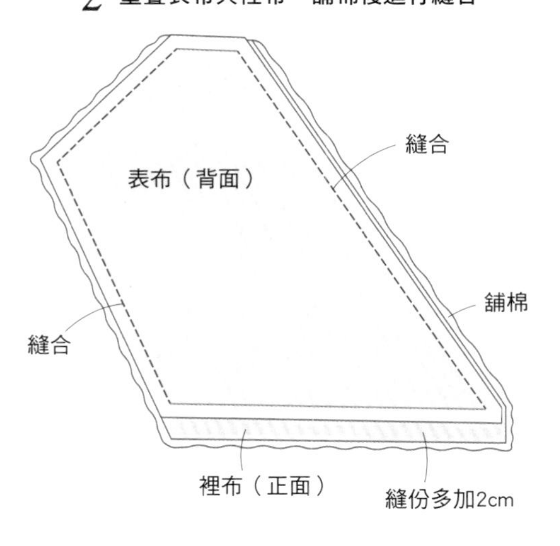

3 剪掉鋪棉部分。

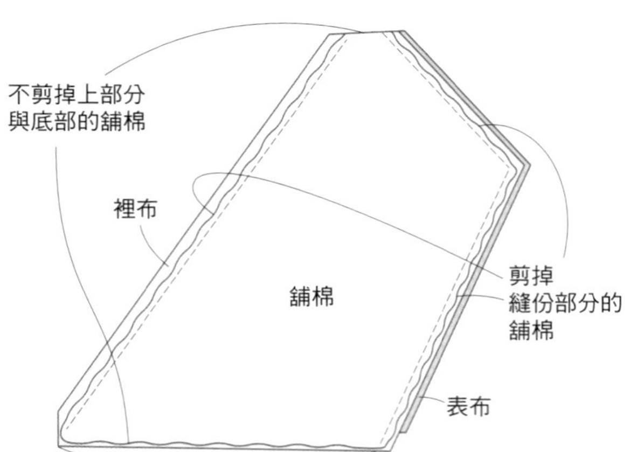

4 翻回正面，進行壓線後製作袋身。

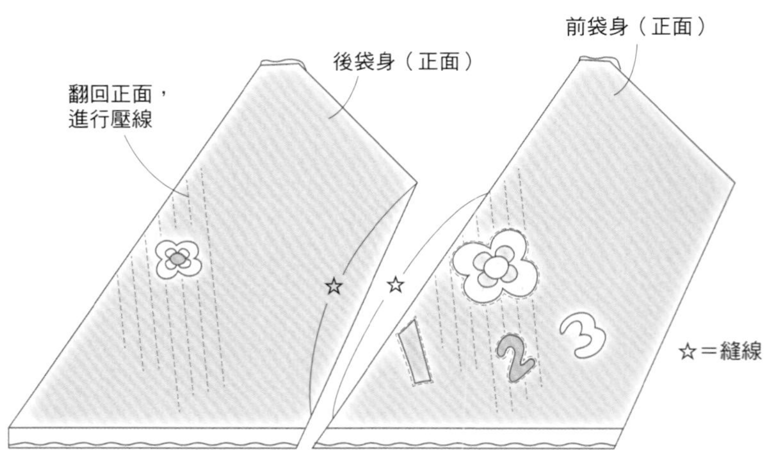

5 將前後袋身正面相對縫合。

6 打開袋身。

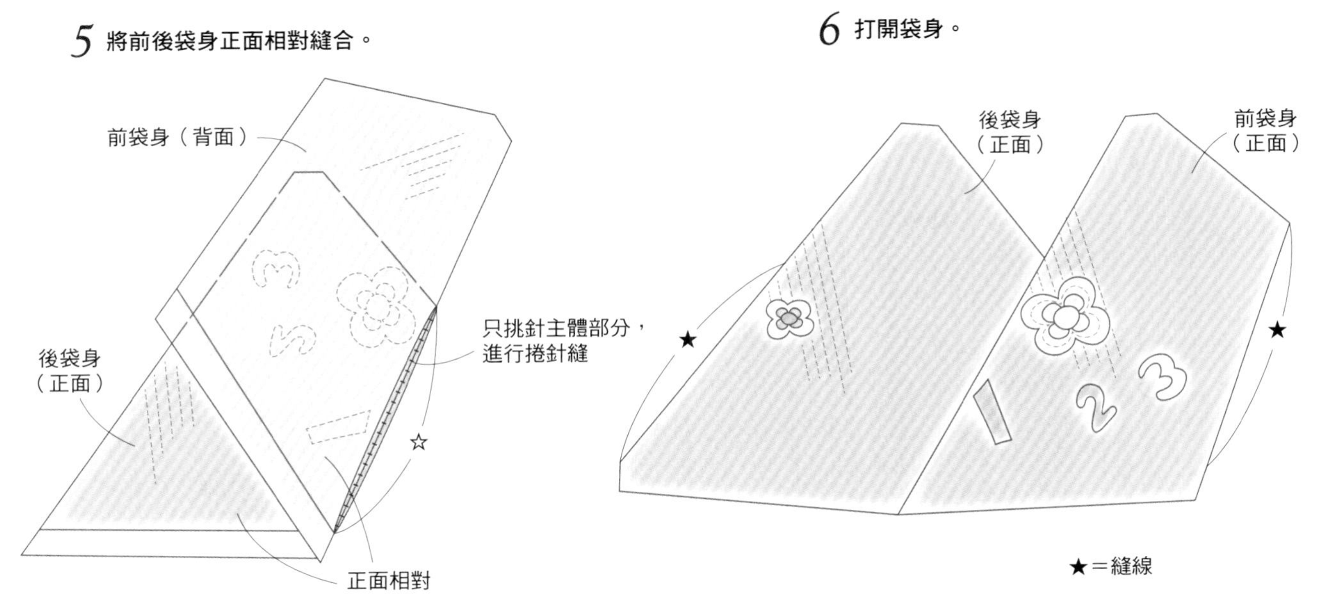

7 將★記號部分正面相對縫合，形成筒狀。

8 縫合底部，並包捲縫份。

9 摺疊提把側部分。

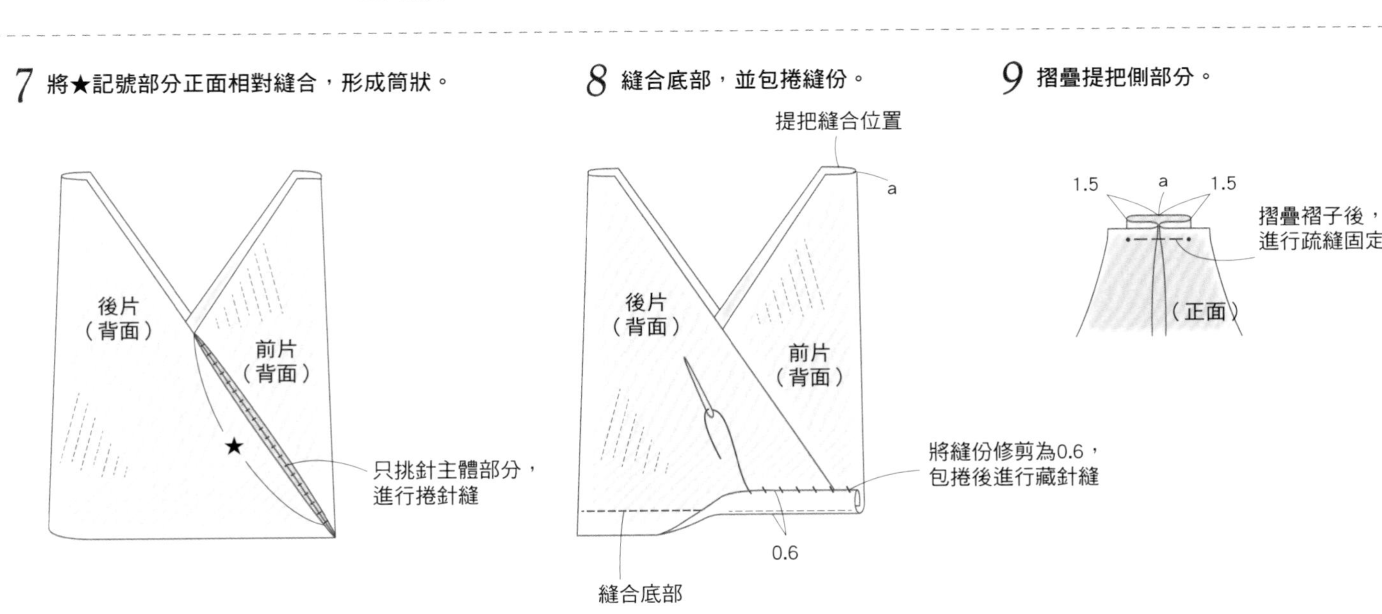

10 縫合提把，放入袋身內縫合固定。

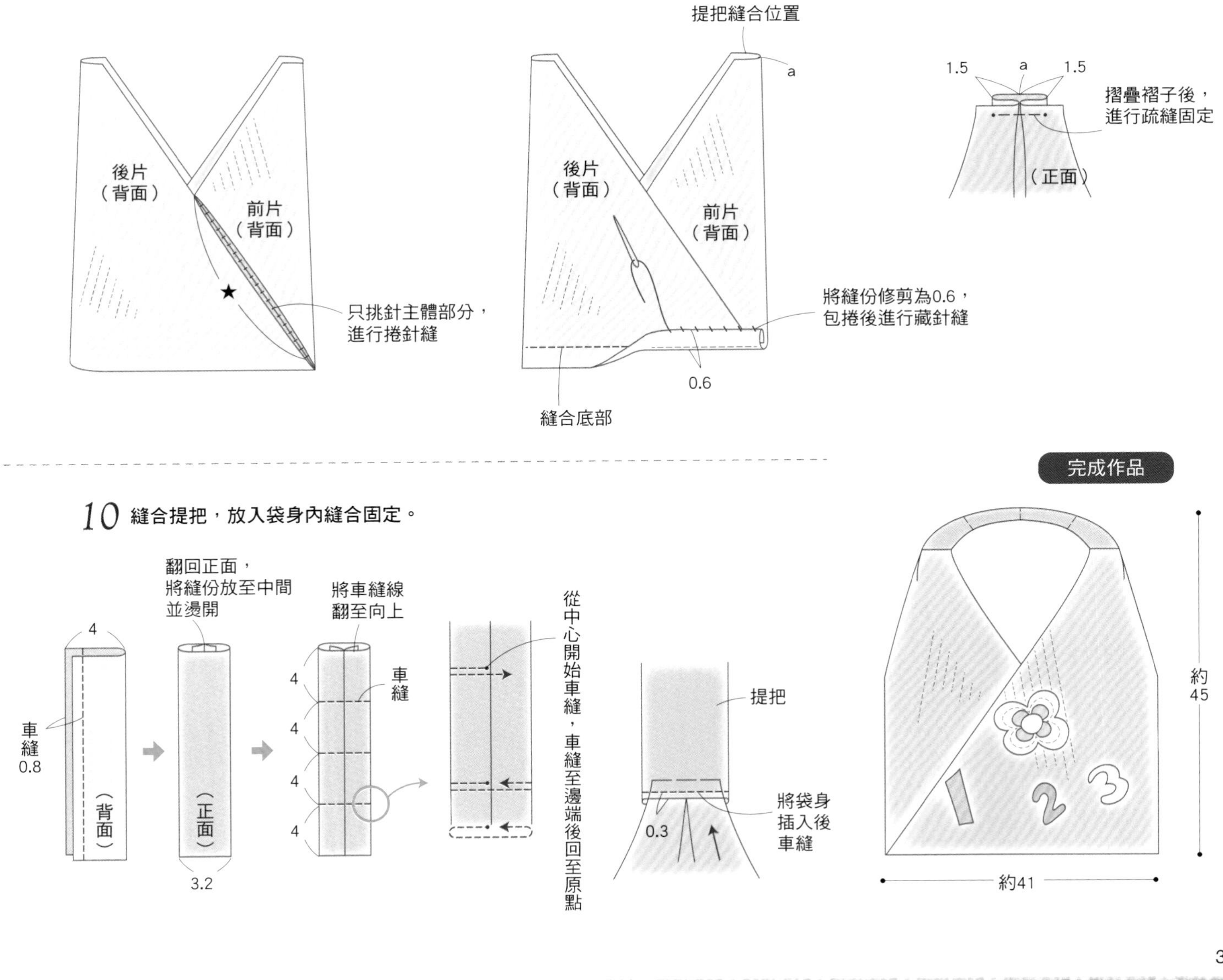

變形小木屋簡約包

作法／P.42

只需將兩種顏色的布料，以貼布縫貼在方形布料上，就變得非常具有現代感。
希望您以自己喜歡的布料享受拼接的樂趣。
建議使用長度適中的提把，放在側面可以環抱的長度，並使用既耐用又輕巧的材質。

重複簡單的貼布縫，
就像是一件很酷的紡織品。

因為厚度適中，
所以具有比看起來更大的存儲容量

P.40 NO.15.16

變形小木屋簡約包

材料（相同）

- 貼布縫用布（A布）40cm寬 20cm
- 貼布縫用布（B布）50cm寬 25cm
- 貼布縫用布，表布（C布）100cm寬 35cm
- 鋪棉 90cm寬 30cm
- 裡布（黃綠色印花）90cm寬 30cm
- 提把（50cm）1組

※貼布縫的縫份為 0.7cm、除了指定之外皆為 1 cm

原寸紙型 A 面

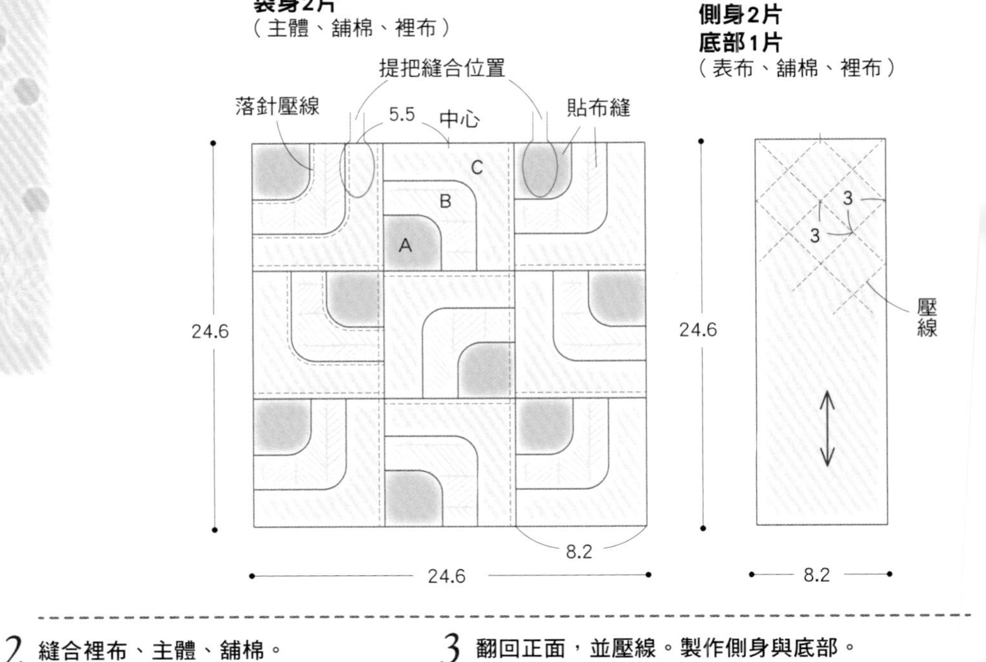

1 進行貼布縫，9 片縫製完成後製作主體。

2 縫合裡布、主體、鋪棉。

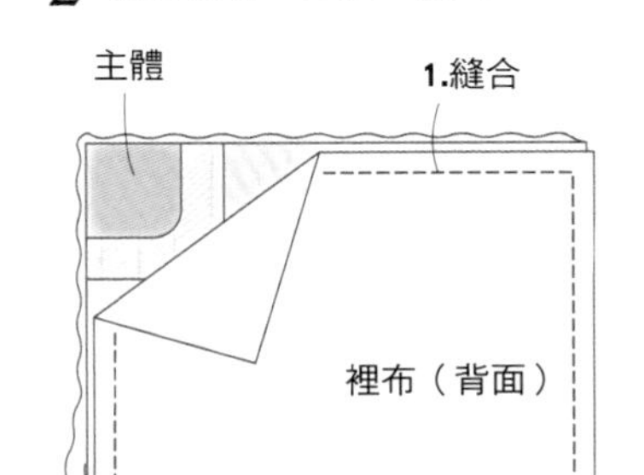

3 翻回正面，並壓線。製作側身與底部。

4 側身與底部正面相對縫合。

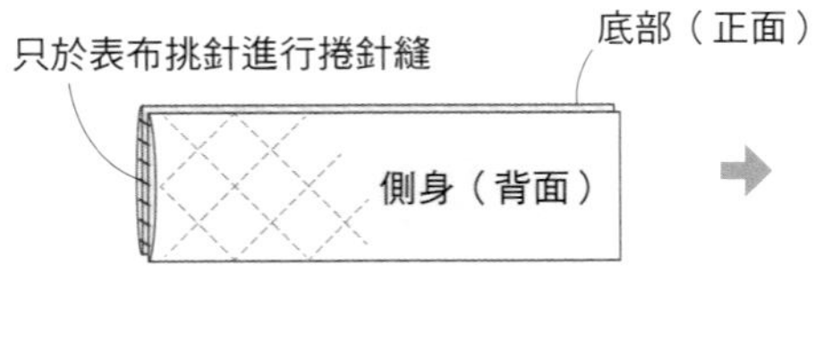

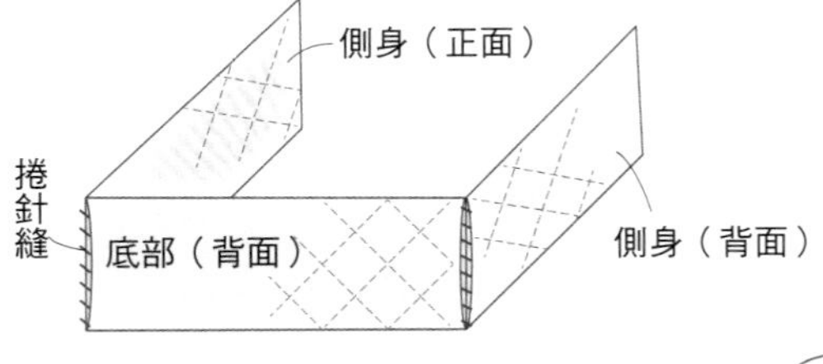

5 側身的底部與袋身正面相對縫合。

6 製作提把。

以拼布用線 2 股，將孔洞各跳過一針縫合，
未縫到的孔洞縫一圈繞回來時，再補足縫合

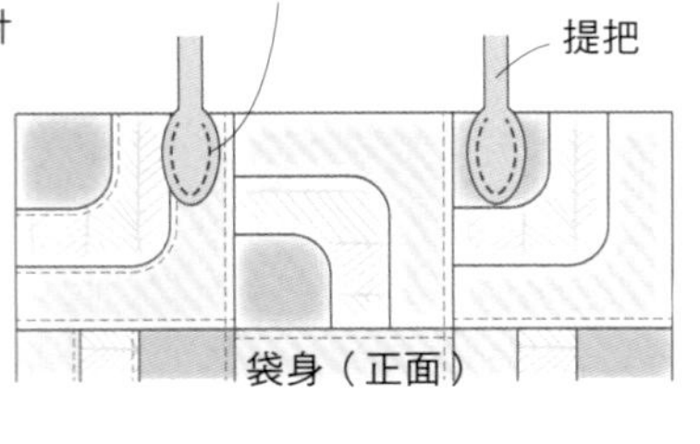

P.37 NO.14

漫遊丹麥之旅扁包

材料

- 貼布縫用布適量
- 邊框貼布縫用布（藍色）15cm 寬 40cm
- 表布（米白素色）100cm 寬 45cm
- 裡布（黑色印花）90cm 寬 40cm
- 25 號繡線（藍色，淺藍色）
- 5 號繡線（綠色）

※貼布縫的縫份為 0.5cm、除了指定之外皆為 1 cm

原寸紙型 D 面

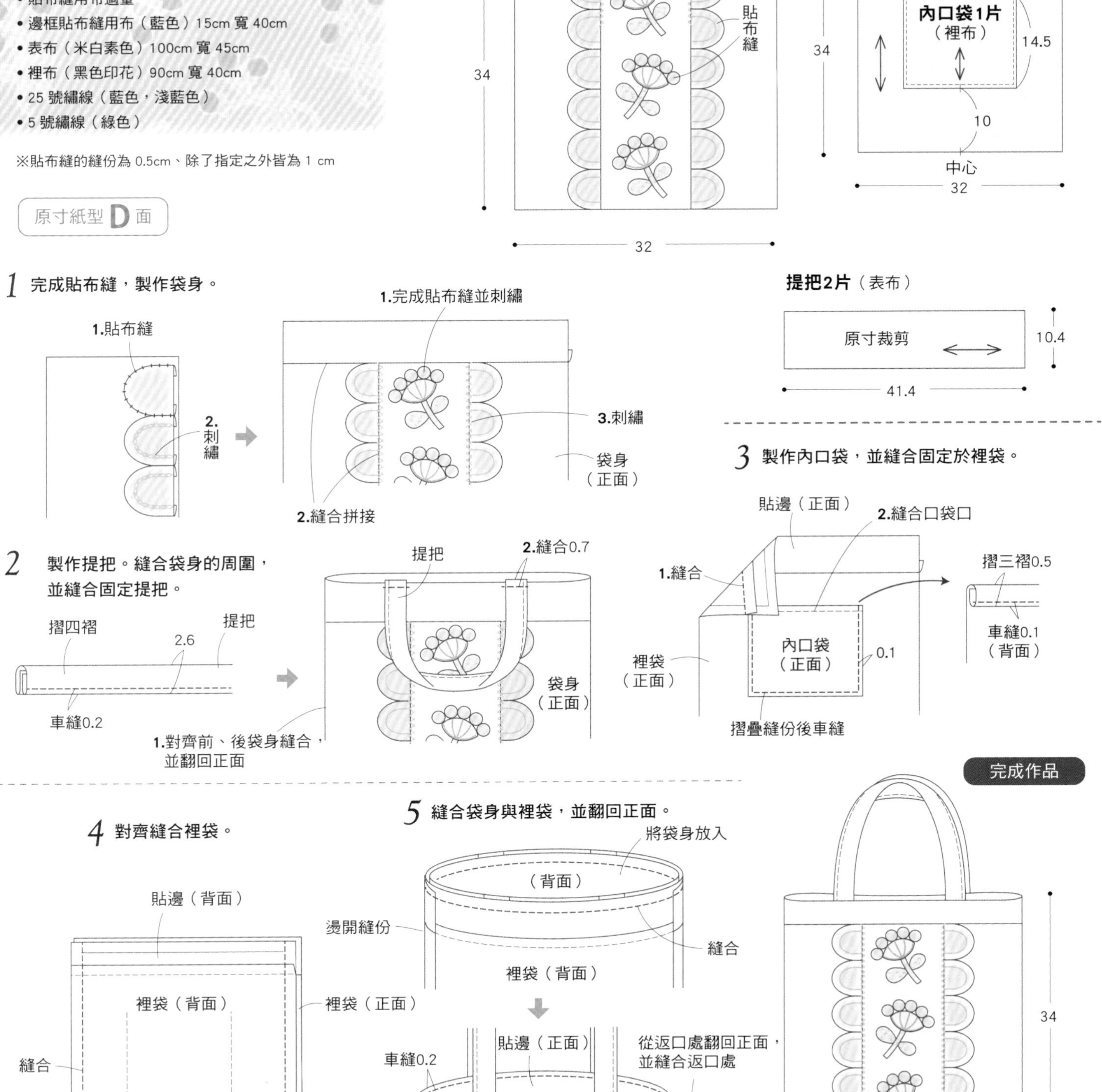

搶眼吸睛的粉紅色背包

作法／P.51

這是一個有點變化的直立式小背包。
我真的很喜歡
有粉紅色花朵與葉子的扁平形狀包包。

17

背面有一朵迷你尺寸的
粉紅色小花貼布縫。

背面的貼布縫簡潔俐落。

我的裝飾品系斜背包

作法／P.46

一旦喜歡就想要作更多！
挑戰過 NO.17的花朵後，
進化成藝術風格的設計款。
這是一款
您想要像配飾一樣穿戴的斜背包。
配色是我最喜歡的棕色、綠色、
海軍藍和白色。

18

P.45 NO. 18
我的裝飾品系斜背包

材料

- 表布（灰色素面）75cm 寬 30cm
- 配布（棕色）30cm 寬 12cm
- 花布（黃綠色）12cm 寬 8cm
- 花布（白色）8cm 寬 5cm
- 貼布縫用布適量
- 裡布（黃綠色印花）70cm 寬 30cm
- 鋪棉 70cm 寬 30cm
- D 環（內部尺寸 1cm）2 個
- 磁釦（直徑 1.5cm）1 組
- 肩帶（120cm）1 條
- 25 號繡線（棕色，藍色，灰色，淺藍色，原色，芥末色，深棕色）

※貼布縫的縫份為 0.5cm、除了指定之外皆為 1cm

原寸紙型 C 面

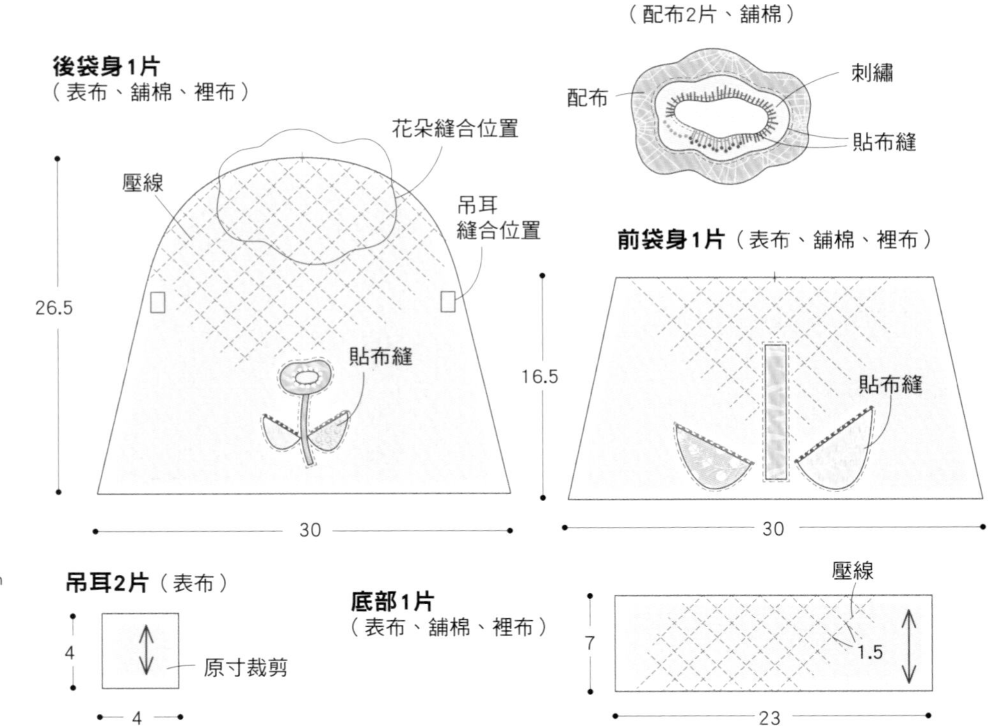

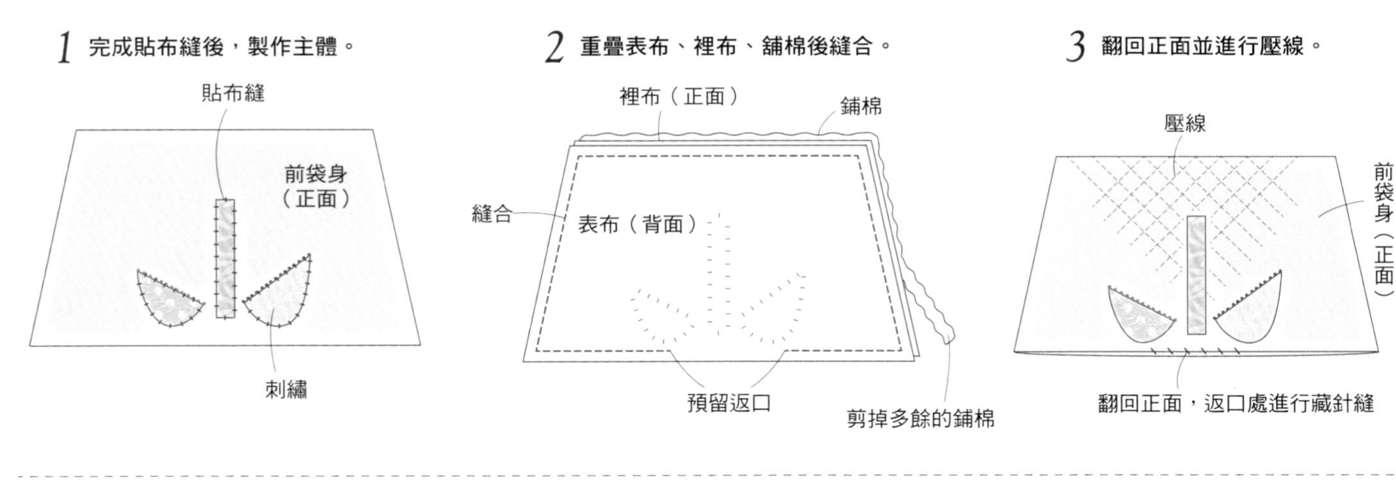

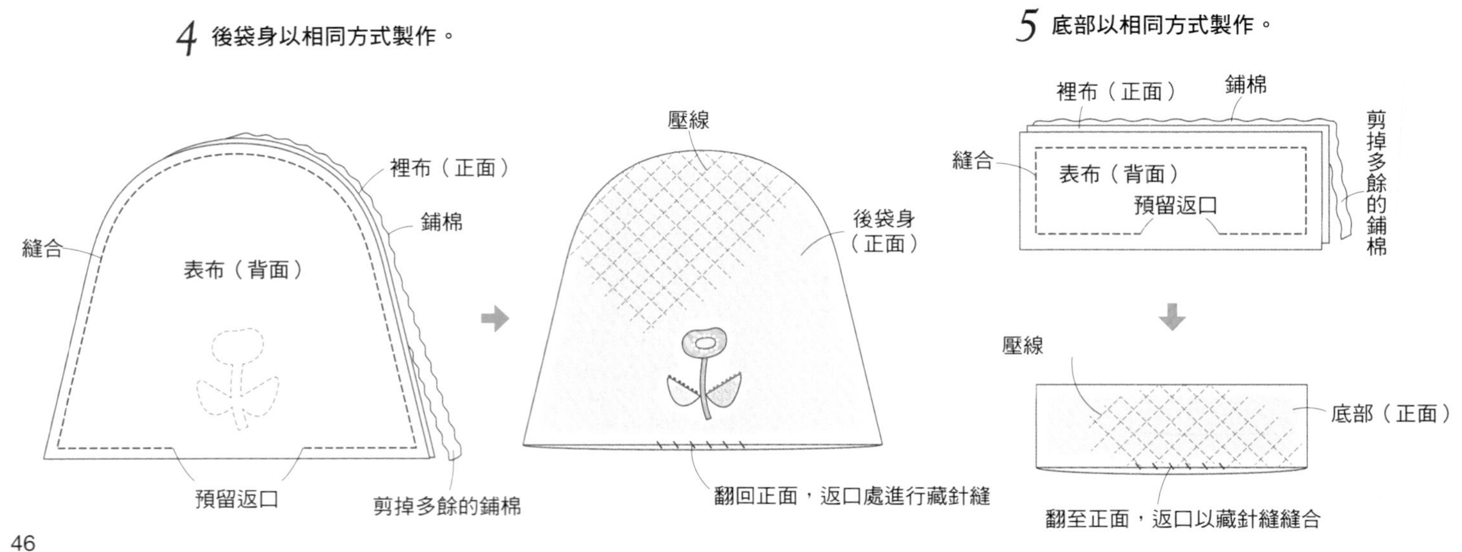

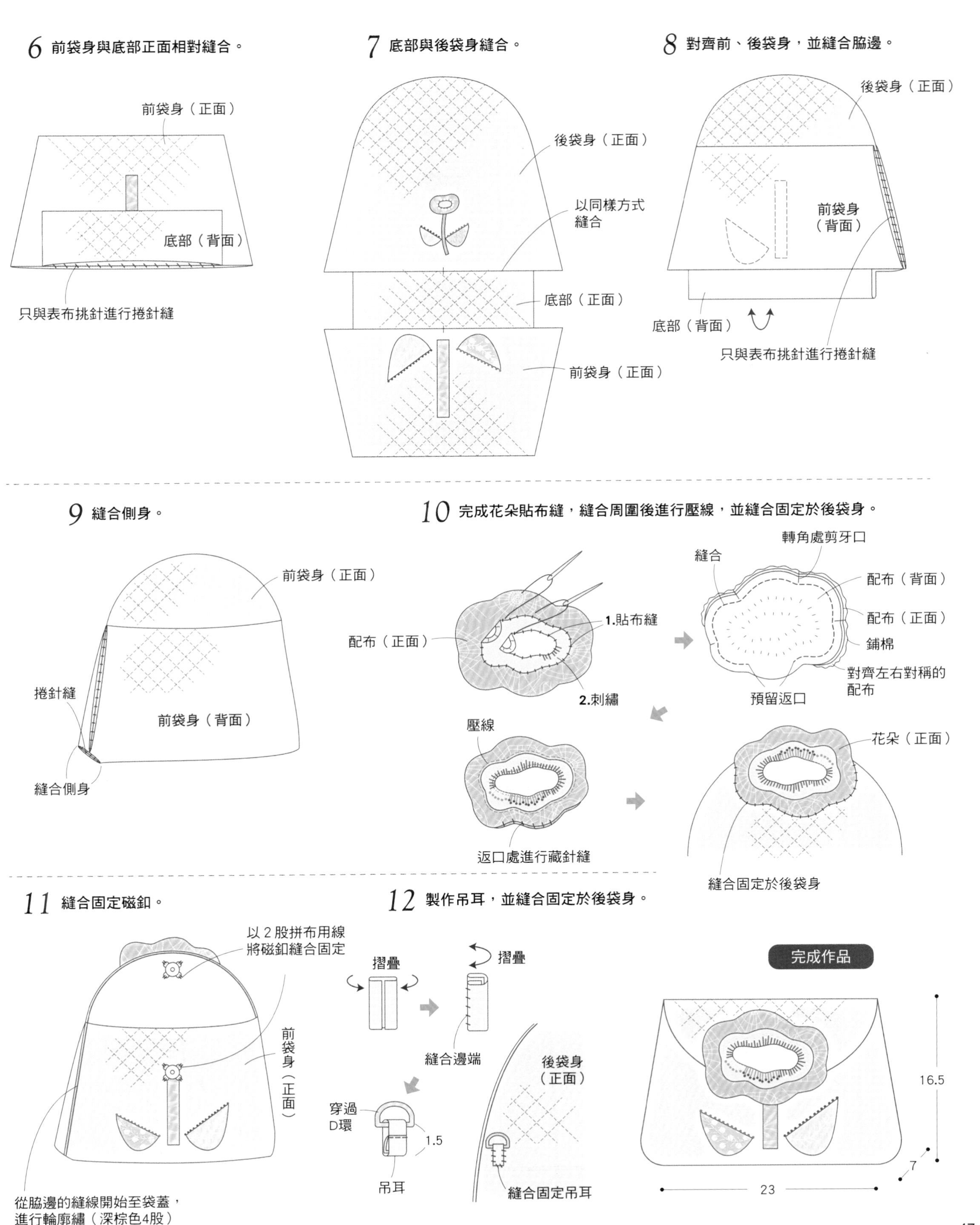
6 前袋身與底部正面相對縫合。
前袋身（正面）
底部（背面）
只與表布挑針進行捲針縫
7 底部與後袋身縫合。
後袋身（正面）
以同樣方式
縫合
底部（正面）
前袋身（正面）
8 對齊前、後袋身，並縫合脇邊。
後袋身（正面）
前袋身
（背面）
底部（背面）
只與表布挑針進行捲針縫
9 縫合側身。
前袋身（正面）
捲針縫
前袋身（背面）
縫合側身
10 完成花朵貼布縫，縫合周圍後進行壓線，並縫合固定於後袋身。
配布（正面）
1.貼布縫
2.刺繡
轉角處剪牙口
縫合
配布（背面）
配布（正面）
鋪棉
對齊左右對稱的
配布
預留返口
壓線
返口處進行藏針縫
花朵（正面）
縫合固定於後袋身
11 縫合固定磁釦。
以2股拼布用線
將磁釦縫合固定
前袋身（正面）
從脇邊的縫線開始至袋蓋，
進行輪廓繡（深棕色4股）
12 製作吊耳，並縫合固定於後袋身。
摺疊
摺疊
縫合邊端
穿過
D環
1.5
吊耳
後袋身
（正面）
縫合固定吊耳
完成作品
16.5
7
23

在古典之間
綻露新花色的斜背包

作法／P.50

這是一款袋口可以摺疊，也可以伸長，
非常方便的小包。
優雅色調的先染布，
因為使用了許多顏色清晰的新圖案，
感覺很有新鮮感。

19

行李變多時，
可以伸長袋口。
拼接了一圈貼布縫。

包包的後側，
作有簡單俐落的口袋。

P.48 NO.19

在古典之間綻露新花色的斜背包

材料

- 拼接用布袋口側 7 種（深色）各 12cm 寬 6cm
- 拼接用布袋口側 7 種（淺色）各 12cm 寬 6cm
- 拼接用布口袋部分（每種顏色）總長 45cm 寬 35cm
- 表布（米色梭織布料）60cm 寬 35cm
  3.5cm 寬 45cm 斜紋布
- 鋪棉 80cm 寬 35cm
- 裡布（粉紅色印花布）90cm 寬 35cm
- 袋口處滾邊條（藍色格子）3.5cm 寬 65cm 斜紋布
- D 環（內部尺寸 1cm）4 個
- 肩帶（120cm）1 條

※拼接布片的縫份為 0.7cm、除了指定之外皆為 1 cm

原寸紙型 A 面

袋身2片（主體、鋪棉、裡布）

吊耳縫合位置（後內側）

中心　1.6　0.8滾邊　0.5　2　1　4　2

吊耳4片（表布）

4　4

原寸裁剪

吊耳縫合位置（前）　8.5　1.8　1.8　1　0.7　18　6　摺線

30.5　24.5　12

表布的斜紋布

0.8滾邊

口袋1片（主體、鋪棉、裡布）

28

1 拼縫布片後壓線，並製作袋身。

2 縫合袋身的周圍。

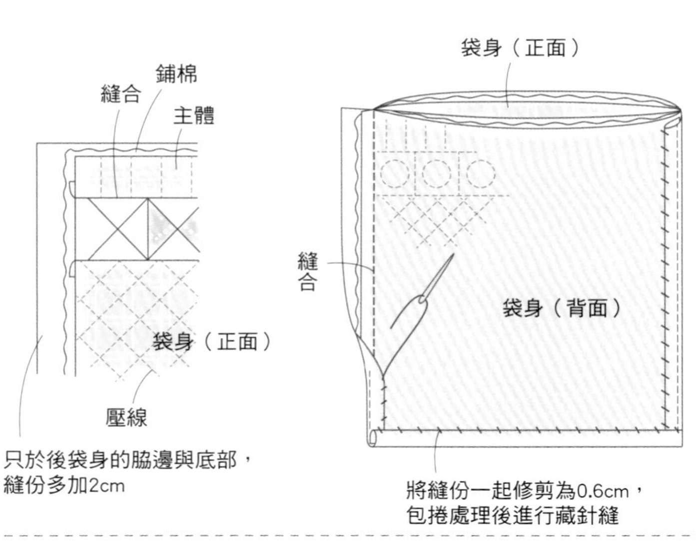

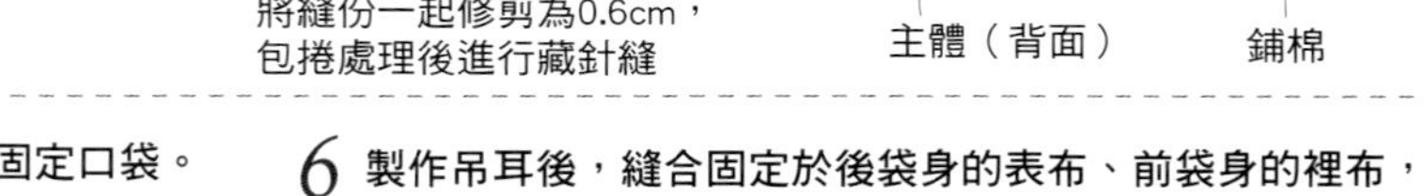

3 進行口袋部分拼接，製作主體。

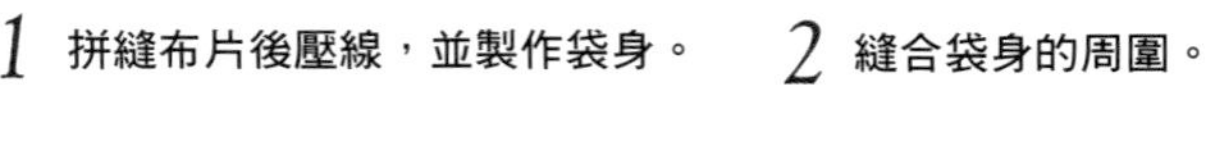

4 壓線，製作口袋。

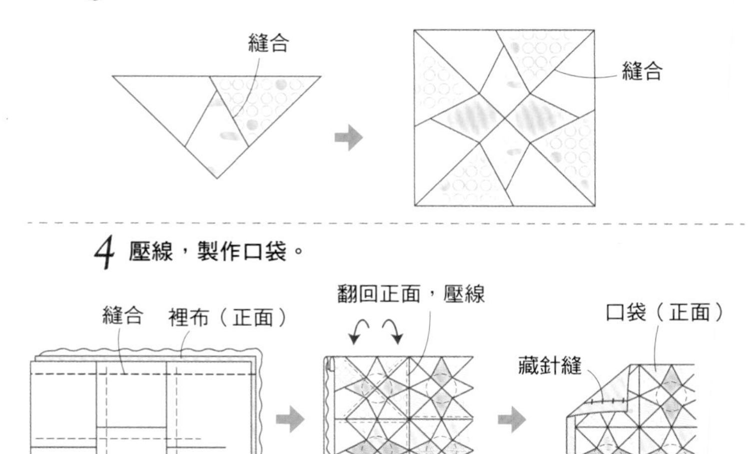

5 滾邊處理完成後，縫合固定口袋。

6 製作吊耳後，縫合固定於後袋身的表布、前袋身的裡布，共 4 處。

完成作品

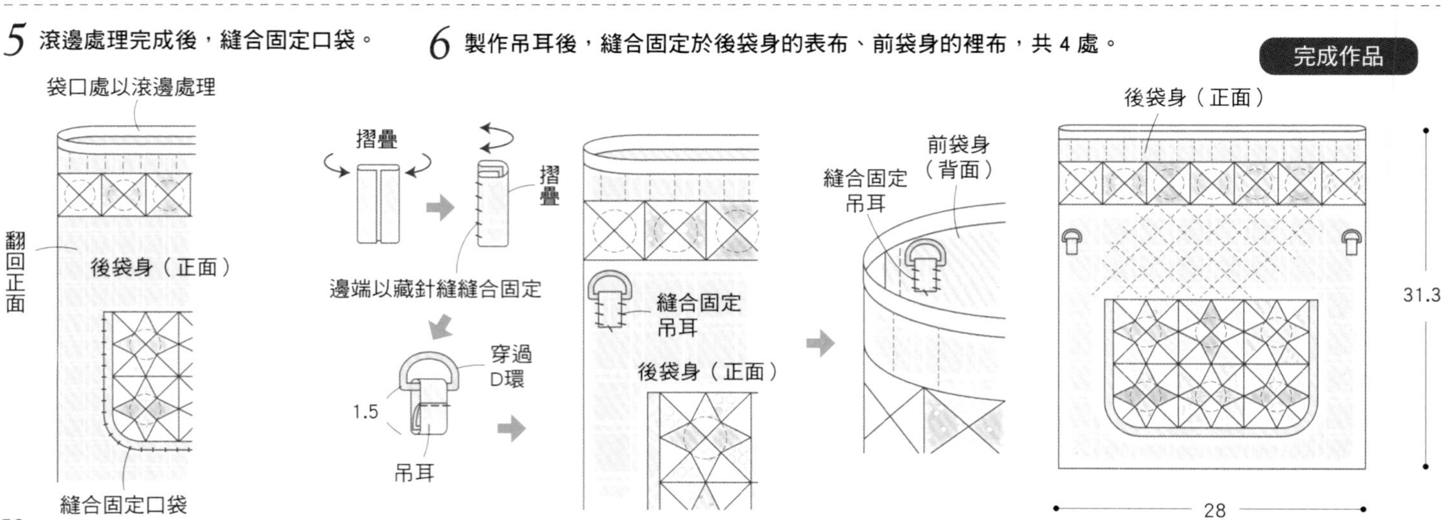

P.44 NO.17 搶眼吸睛的粉紅色背包

材料

- 貼布縫用布適量
- 表布（棕色梭織物）35cm 寬 30cm
- 鋪棉 35cm 幅 30cm
- 裡布（淺藍色印花）35cm 寬 30cm
- 裝飾布（紅色印花）5cm 寬 5cm
- 拉鍊（20cm）1 條
- D 環（內部尺寸 1 cm）2 個
- 肩帶（120cm）1 條
- 25 號繡線（藏青色，棕色，原色，黃綠色，黃色）

※貼布縫的縫份為 0.5cm、除了指定之外皆為 1 cm

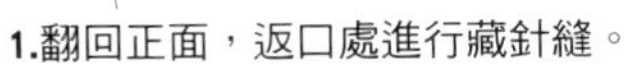

1 完成貼布縫。

貼布縫
表布（正面）

2 重疊表布、裡布、鋪棉後縫合周圍。

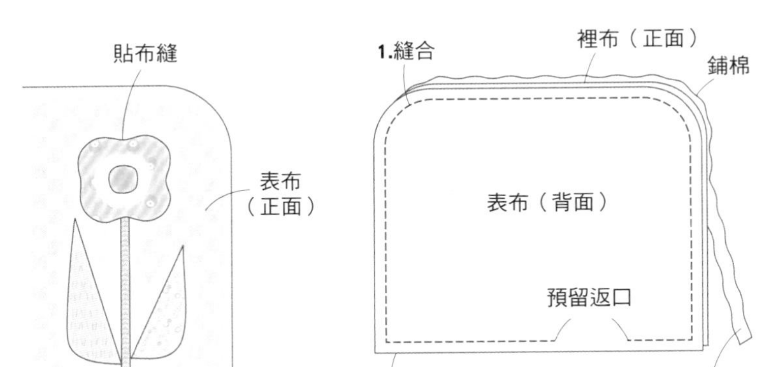

3 壓線，製作袋身。

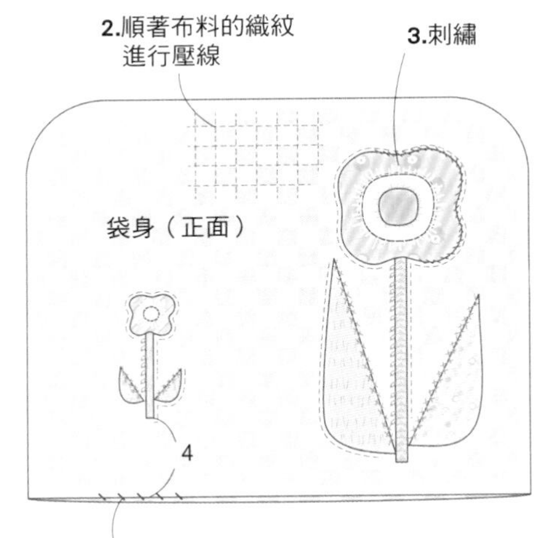

4 正面相對縫合周圍。

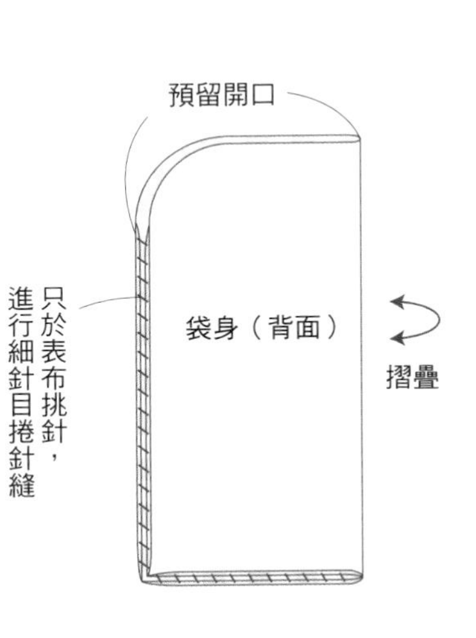

5 縫合固定拉鍊。

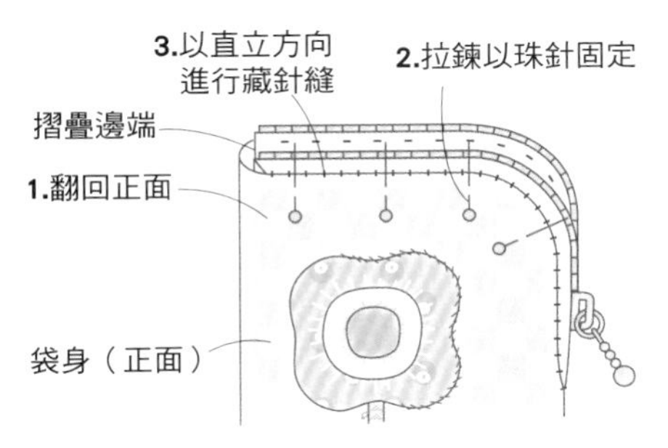

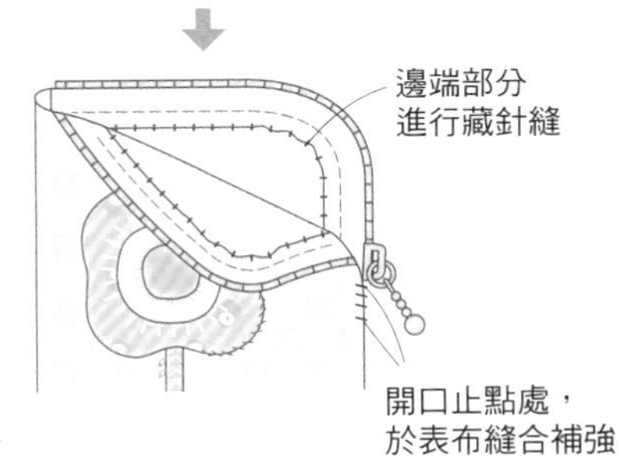

6 製作拉鍊的裝飾品。

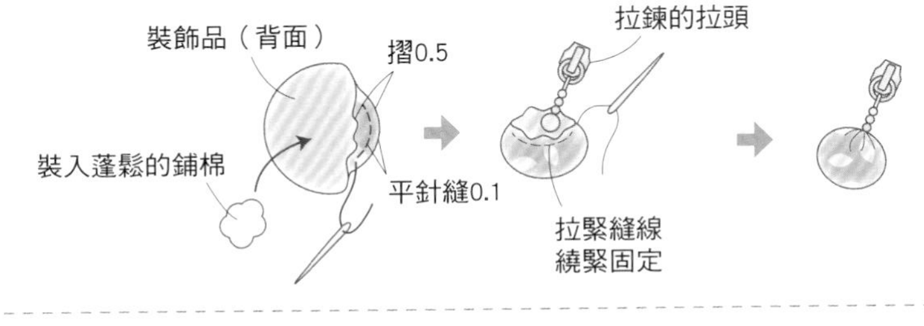

完成作品

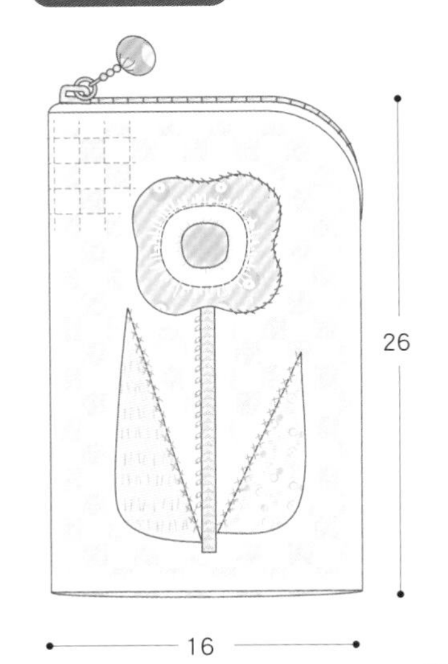

7 製作吊耳，縫合固定於後袋身。

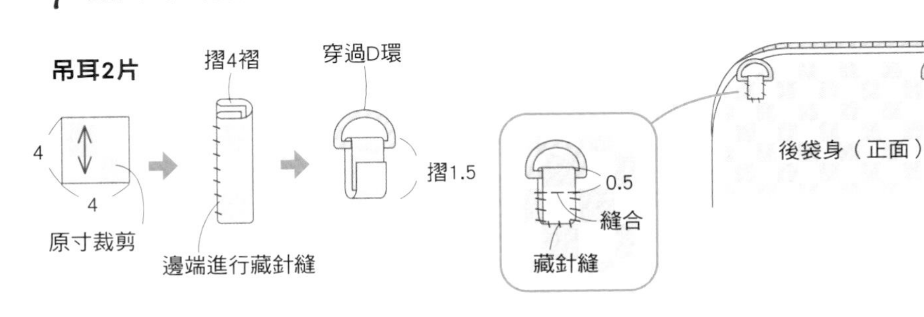

閃亮亮的草莓小物盒

在最喜歡的草莓上，
貼上了閃亮亮的小光珠。
我喜歡溫暖舒適的布料，
它具有可愛而成熟的氛圍。

20

作法／P.54

22

作法／P.55

21

作法／P.83

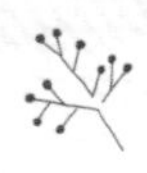

小巧玲瓏就是可愛

讓喜歡的布料再次登場。
小小的小碎布也不要扔掉。
以剩下的小碎布作了一個易於使用的硬幣盒。

滿滿喜愛小碎布的波奇包

好可愛～好可愛～珍藏的布材們，
放大膽的用掉它吧！
每次看到它，每次使用都會感到幸福愉悅。

彩色豐富的尼龍樹脂拉鍊，
方便於蓋子的開開關關。

閃閃發光的小飾珠很可愛。

在於防止硬幣溢出的設計上，
多用了一點心思。

袋口處使用簡潔的白色尼龍樹脂拉鍊。
尼龍樹脂拉鍊可以切割成任意長度並很輕巧，
是製作小物不可或缺的配件。

P.52 NO.20 閃亮亮的草莓小物盒

材料

- 貼布縫用布適量
- 表布（淺藍色棕色格子）40cm 寬 15cm
- 拼接用布總長 55cm 寬 20cm
- 邊框布（深棕色）45cm 寬 5cm
- 鋪棉 50cm 寬 20cm
- 裡布（粉紅色）50cm 寬 20cm
- 拉鍊（20cm）2 條
- 小圓形飾珠（黑色）適量
- 鈕釦（直徑 0.6 cm）8 個
- 25 號繡線（原色，苔綠色）

※拼接布片縫份為 0.7cm、貼布縫的縫份為 0.5cm、除了指定之外皆為 1 cm

原寸紙型 B 面

袋蓋、底部各 1 片（主體、鋪棉、裡布）

表布　貼布縫（只有袋蓋）　壓線　8　15.5　☆

袋身 1 片（主體、鋪棉、裡布）

拉鍊開口　中心　邊框　1.5　6.5　鈕釦　40　☆

1 進行完成袋蓋的貼布縫，與裡布、鋪棉重疊後縫合並壓線。

預留返口　2.剪掉縫份的鋪棉　3.翻回正面，返口處進行藏針縫　裡布（正面）　貼布縫完成的表布（背面）　1.縫合　4.壓線　5.縫合飾珠

2 縫合袋身並壓線。

2.縫合　裡布（正面）　主體（背面）　1.縫合　預留返口　3.剪掉縫份的鋪棉　5.壓線，刺繡　袋身（正面）　6.縫合鈕釦　4.翻回正面，返口處進行藏針縫

3 縫合袋身的脇邊，與底部縫合固定。

1.縫合脇邊　只於主體挑針進行捲針縫　袋身（正面）　2.縫合底部　底部（正面）

4 將拉鍊縫合固定於袋身。

3.兩端接合　2.5　2.5　拉鍊（背面）　4.回針縫　5.藏針縫　2.以縫線縫得更加牢固　前中心　1.對齊拉鍊的頂端

5 將拉鍊縫合固定於袋蓋。

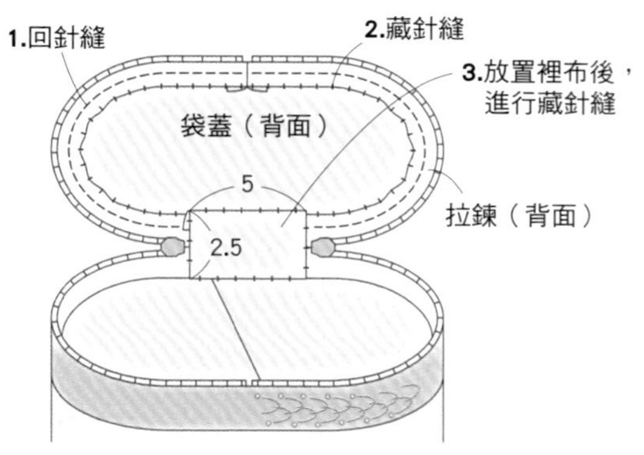

6 袋蓋與袋身縫合固定。

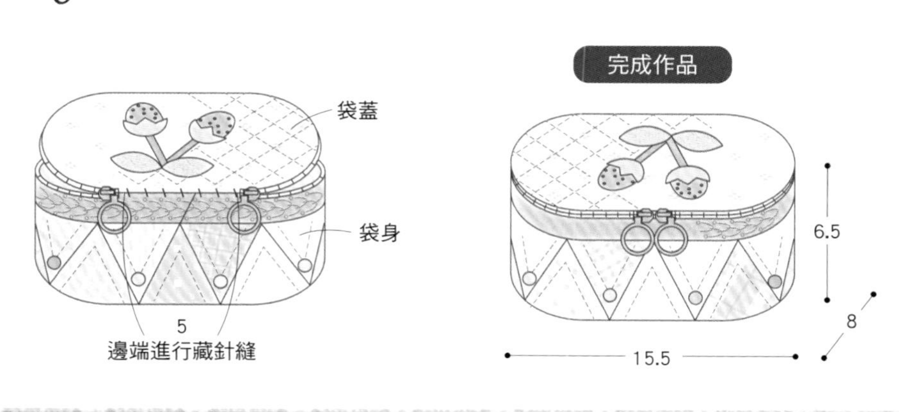

P.52 NO.22
滿滿喜愛小碎布的波奇包

材料

- 拼接用布總長 30cm 寬 20cm
- 表布（淺藍色印花）20cm 寬 15cm
  3.5cm 寬 40cm 斜紋布
- 鋪棉 40cm 寬 15cm
- 裡布（米色）40cm 寬 15cm
- 拉鍊（18cm）1 條

※拼接布片縫份為 0.7cm、除了指定之外皆為 1 cm

原寸紙型 D 面

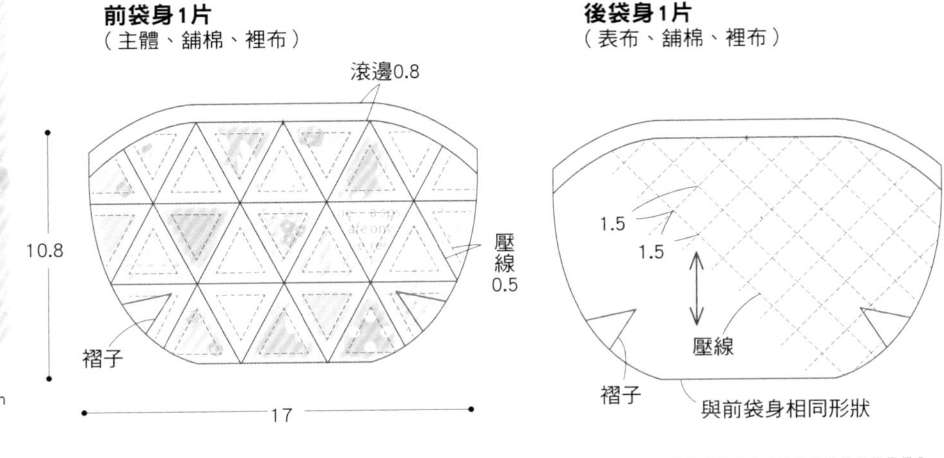

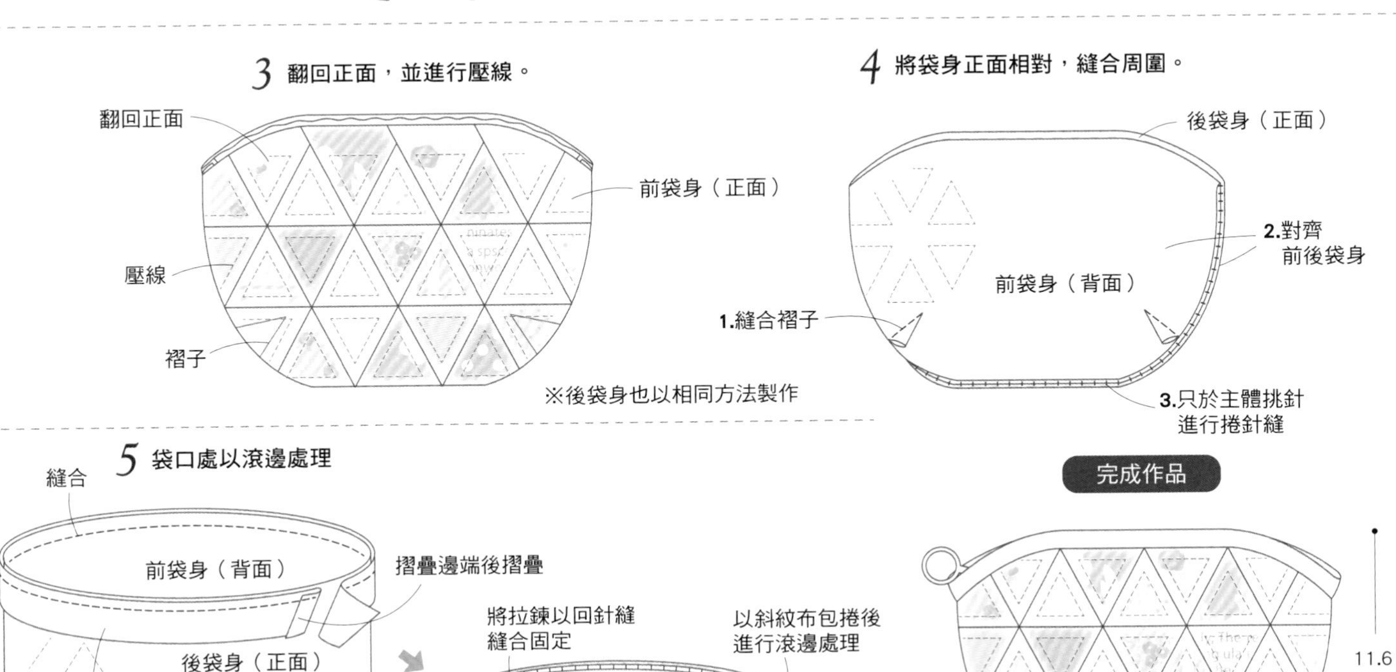

5 袋口處以滾邊處理

完成作品

有小鳥守護著的幸福手作小物箱

只是放在房間裡
就超可愛的小飾品盒。
可以放置隨時想使用的潤唇膏與護手霜。

蘋果小物盒

新鮮可口的青蘋果小物盒，
因為沒有蓋子，
非常便於存放小物品。
例如，放入一個橡皮擦。

24

作法／P.60

23

作法／P.58

紅蘿蔔小物盒

繡一圈從土壤中
冒出頭的胡蘿蔔貼布縫。
關鍵亮點是蓋子上的紅色旋鈕。

25

作法／P.61

提把是以包釦組成。

鮮紅欲滴的紅色小旋鈕，

相當可愛。

令人憐愛的小鳥

就站在蓋子上。

蘋果的後側。

P.56 NO.23

有小鳥守護著的幸福手作小物箱

材料

- 貼布縫適量
- 表布（淺駝色）40cm 寬 25cm
- 小鳥用布總長 15cm 寬 10cm
- 提把用包釦布總長 20cm 寬 20cm
- 單膠鋪棉　40cm 寬 25cm
- 裡布（白色印花）40cm 寬 25cm
- 塑膠板 40cm×20cm
- 包釦（直徑 2cm）20 個
- 25 號繡線（藍色，棕色系漸層）
- 手工藝用棉花適量

※小鳥、貼布縫縫份為 0.5cm、包釦縫份為 0.7cm，除了指定之外皆為 1 cm

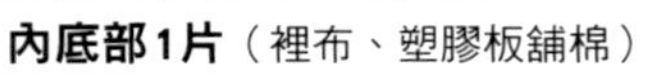

蓋子1片（表布、塑膠板）
內蓋1片（裡布、塑膠板）
底部1片（表布、塑膠板）
內底部1片（裡布、塑膠板舖棉）

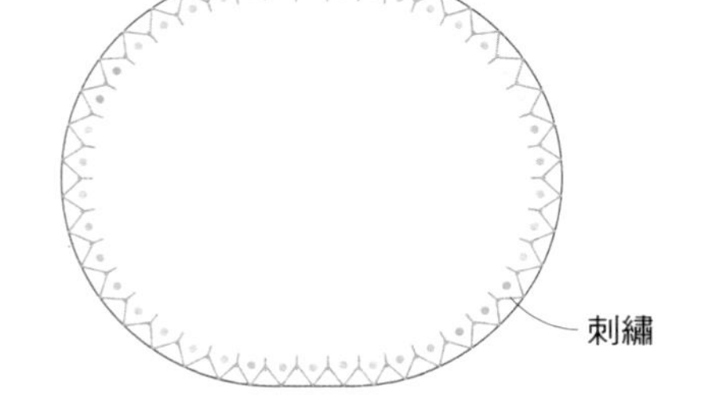

主體1片（表布、單膠舖棉、裡布）

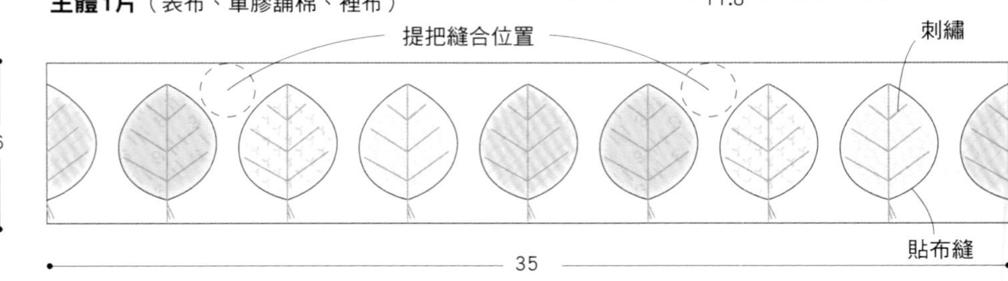

1 完成貼布縫，並製作主體。

2 與裡布重疊並縫合上下側。

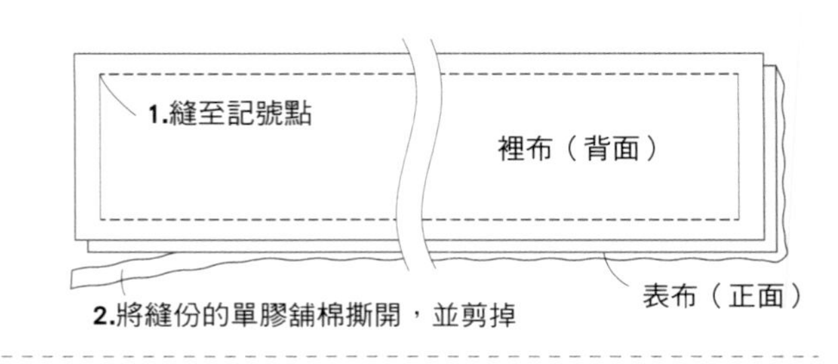

3 翻回正面，並縫合脇邊。

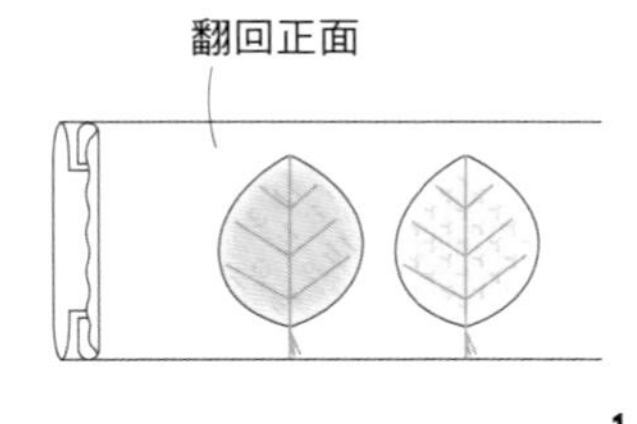

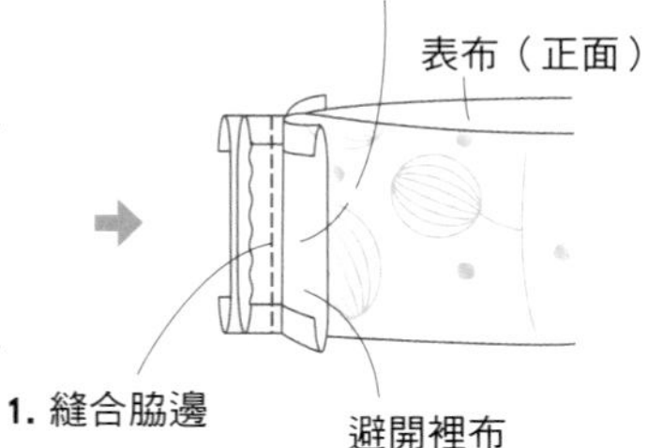

4 裝入塑膠板，將裡布縫合固定。

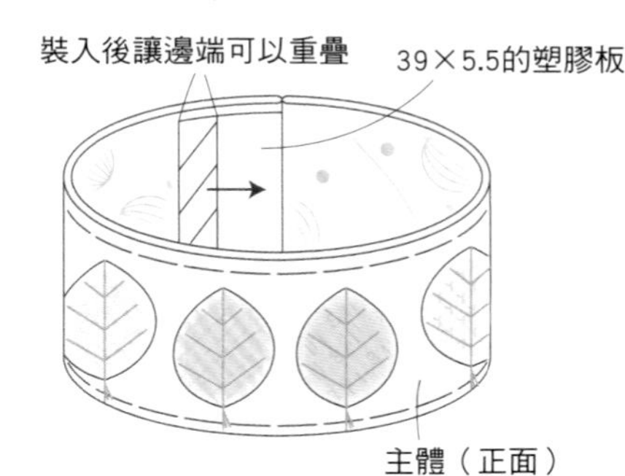

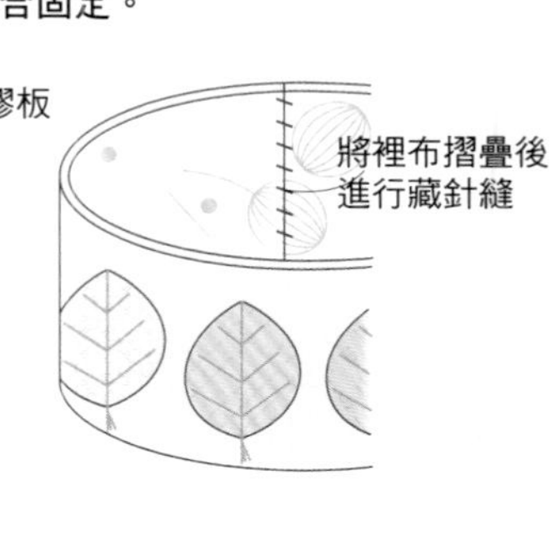

5 製作底部與內底部。

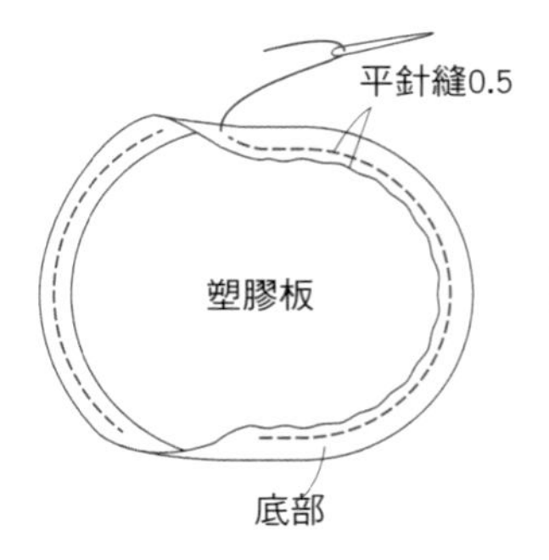

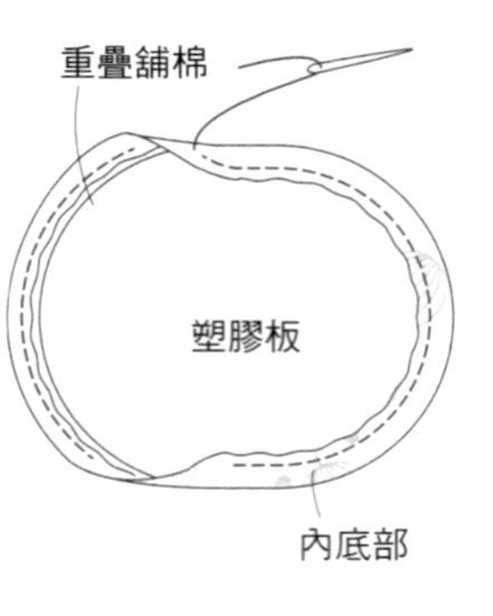

6 將底部縫合固定於主體，內底部放入內側。

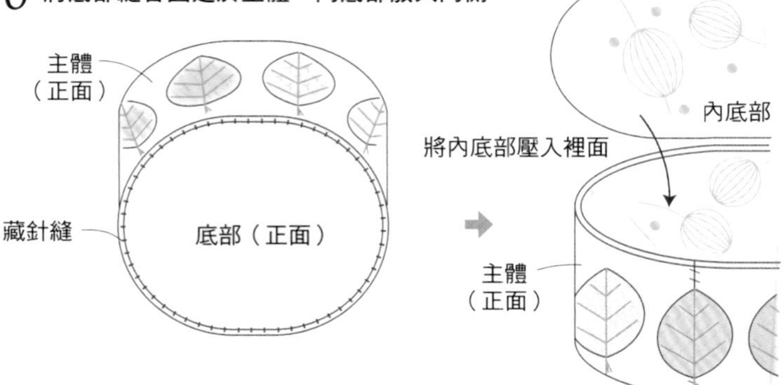

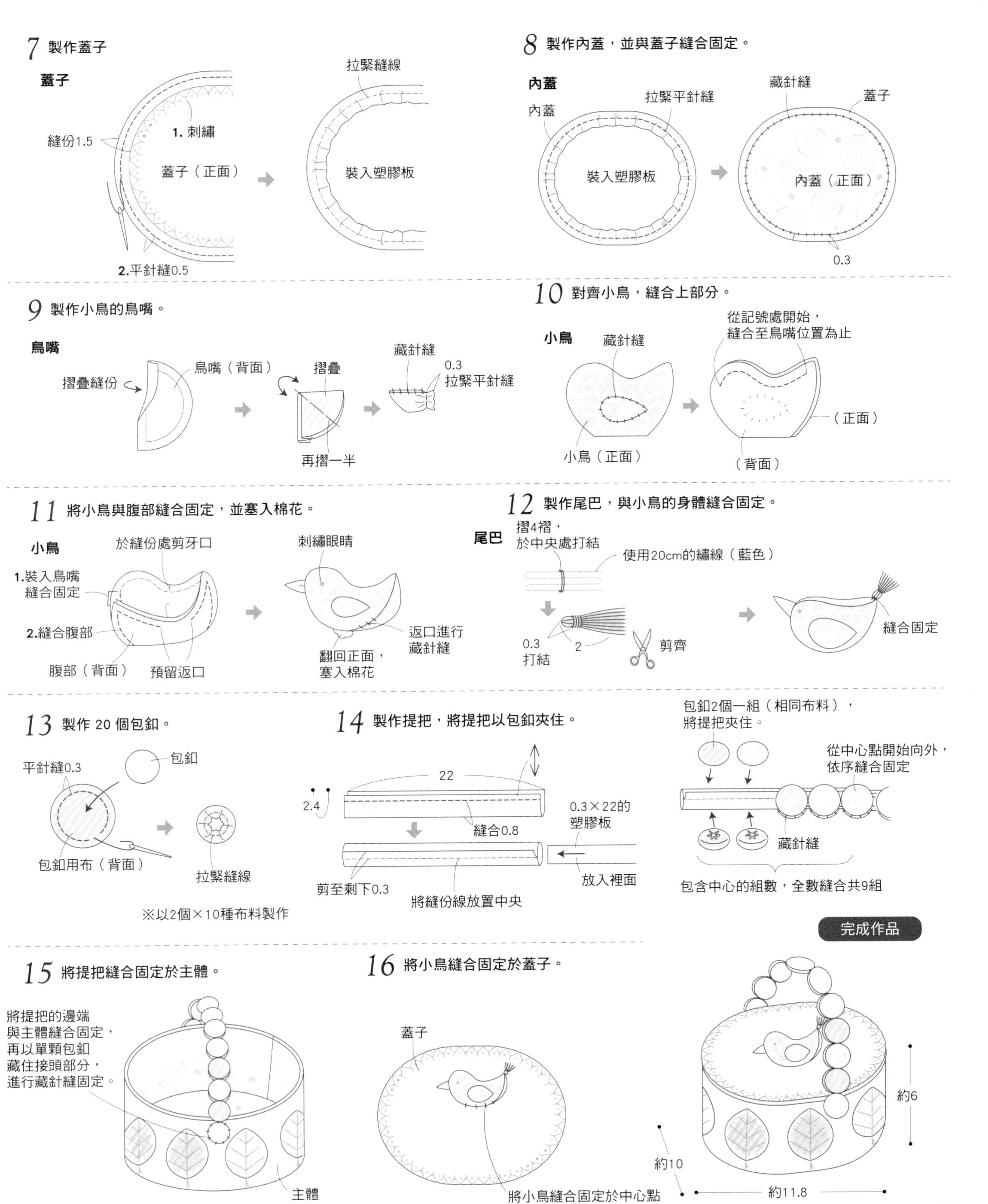
7 製作蓋子
蓋子
1. 刺繡
縫份1.5
蓋子（正面）
2.平針縫0.5
拉緊縫線
裝入塑膠板
8 製作內蓋，並與蓋子縫合固定。
內蓋
內蓋
拉緊平針縫
裝入塑膠板
藏針縫
蓋子
內蓋（正面）
0.3
9 製作小鳥的鳥嘴。
鳥嘴
摺疊縫份
鳥嘴（背面）
摺疊
再摺一半
藏針縫
0.3
拉緊平針縫
10 對齊小鳥，縫合上部分。
小鳥
藏針縫
從記號處開始，
縫合至鳥嘴位置為止
小鳥（正面）
（正面）
（背面）
11 將小鳥與腹部縫合固定，並塞入棉花。
小鳥
於縫份處剪牙口
1.裝入鳥嘴
縫合固定
2.縫合腹部
腹部（背面）
預留返口
刺繡眼睛
翻回正面，
塞入棉花
返口進行
藏針縫
12 製作尾巴，與小鳥的身體縫合固定。
尾巴
摺4摺，
於中央處打結
使用20cm的繡線（藍色）
0.3
打結
2
剪齊
縫合固定
13 製作 20 個包釦。
平針縫0.3
包釦
包釦用布（背面）
拉緊縫線
※以2個×10種布料製作
14 製作提把，將提把以包釦夾住。
22
2.4
縫合0.8
0.3×22的
塑膠板
剪至剩下0.3
將縫份線放置中央
放入裡面
包釦2個一組（相同布料），
將提把夾住。
從中心點開始向外，
依序縫合固定
藏針縫
包含中心的組數，全數縫合共9組
完成作品
15 將提把縫合固定於主體。
將提把的邊端
與主體縫合固定，
再以單顆包釦
藏住接頭部分，
進行藏針縫固定。
主體
16 將小鳥縫合固定於蓋子。
蓋子
將小鳥縫合固定於中心點
約6
約10
約11.8

P.56 NO.24 紅蘿蔔小物盒

材料

- 貼布縫用布適量
- 表布（米白色印花）30cm 寬 20cm
- 拼接用布總長 20cm 寬 10cm
- 配布（斜紋花色）25cm 寬 3cm
- 滾邊（深棕色）3.5cm 寬 25cm 斜紋布
- 小旋鈕布（紅色）4cm 寬 4cm
- 鋪棉 30cm 寬 20cm
- 裡布（淺藍色）30cm 寬 20cm
- 胚布（白色素面）10cm 寬 10cm
- 塑膠板 10cm× 10cm
- 25 號繡線（綠色）

※拼接布片縫份為 0.7cm，貼布縫縫份為 0.3 至 0.5cm、除了指定之外皆為 1 cm

原寸紙型 C 面

小旋鈕布 1 片

原寸裁剪

3

蓋子 1 片
（主體、鋪棉、胚布、裡布）

滾邊0.6

8.2

底部 1 片
（表布、鋪棉、裡布）

1.5

1.5

壓線

7.3

側面 1 片（主體、鋪棉、裡布）

6.4

貼布縫

表布

配布

1.1

23

1 蓋子部分進行拼接布片，並壓線。

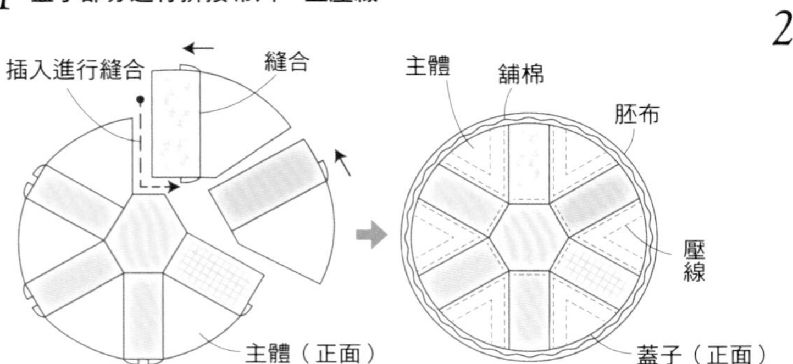

2 夾入塑膠板，進行滾邊處理。

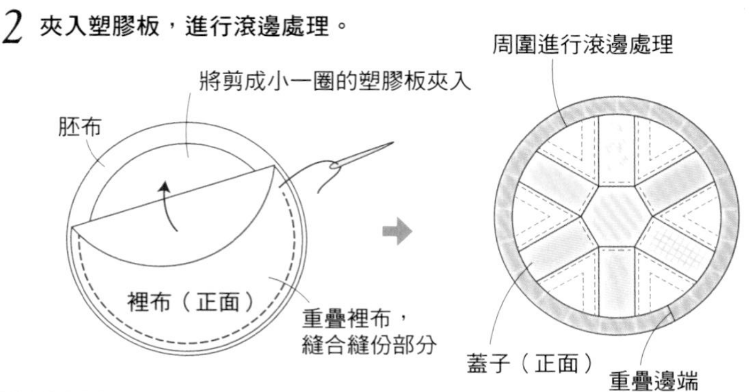

3 完成貼布縫，製作側面。

4 將小旋鈕縫合固定於蓋子。

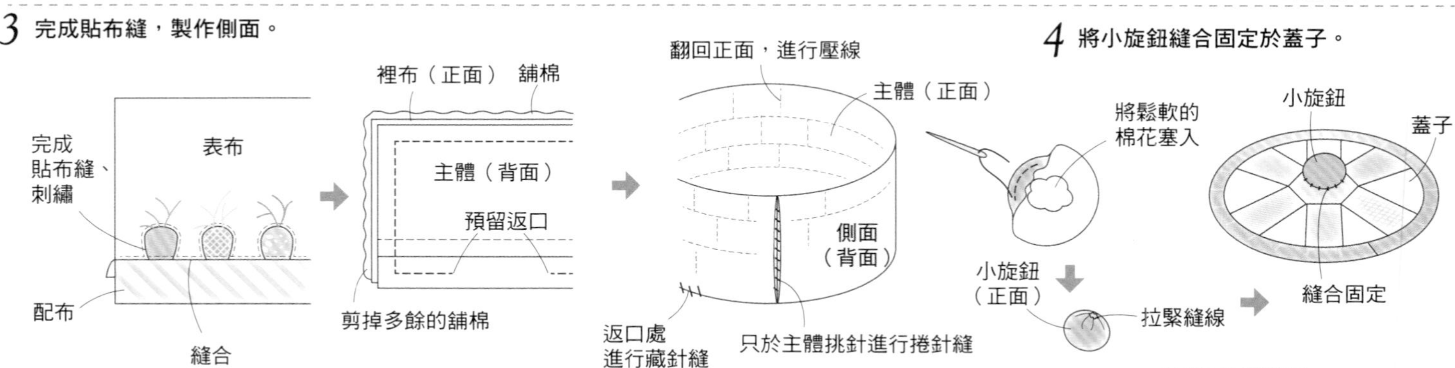

5 縫合底部，並進行壓線。

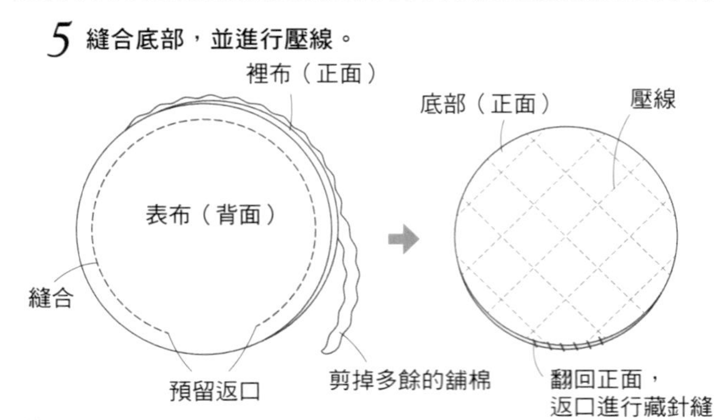

6 側面與底部正面相對縫合。

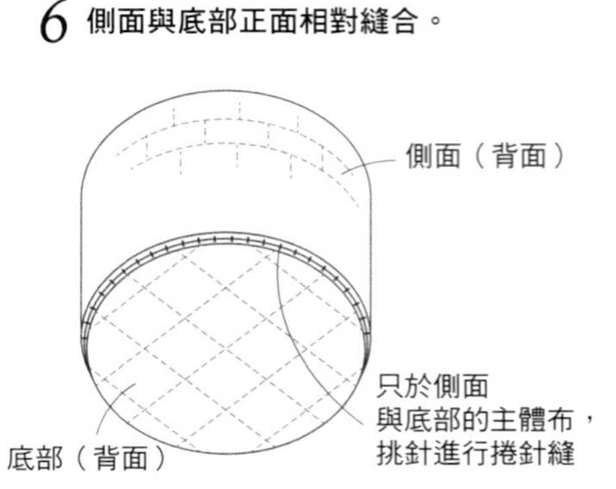

完成作品

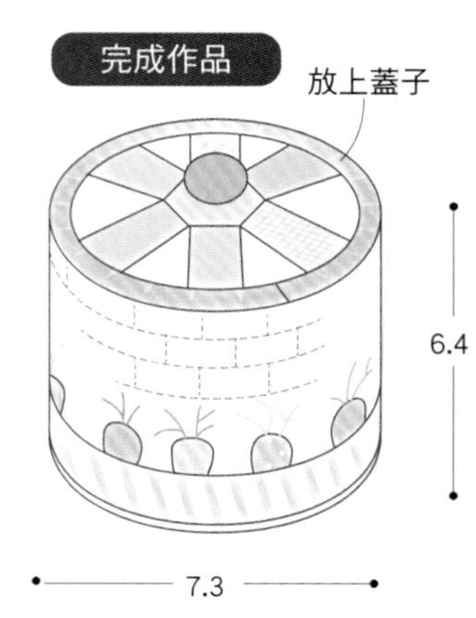

P.56 NO.25 蘋果小物盒

材料

- 袋身（黃綠色系總計）30cm 寬 25cm
- 表布（黃綠色淺藍色）20cm 寬 8cm
- 滾邊（深棕色）4cm 寬 15cm
- 枝幹（深棕色）3cm 寬 3.5cm
- 葉（綠色）8cm 寬 4cm
- 舖棉 20cm 寬 20cm
- 裡布（黃綠色印花）20cm 寬 20cm
- 25 號繡線（棕色）
- 毛線適量

※拼接布片縫份為 0.7cm，貼布縫縫份為 0.3 至 0.5cm

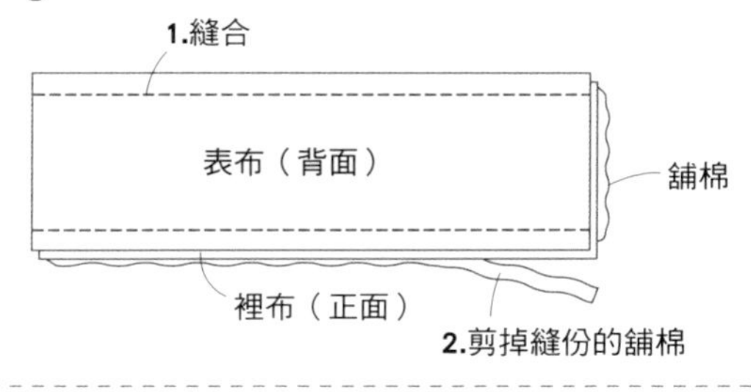

1 拼縫布片後，與裡布、舖棉縫合，製作前袋身。

縫合
縫份倒向箭頭方向
主體（正面）
角度部分剪牙口
主體（正面）
舖棉
裡布（背面）
預留返口
1.縫合
2.剪掉縫份的舖棉
2.壓線
1.翻回正面，返口處進行藏針縫
前袋身（正面）

2 後袋身以相同方法製作。

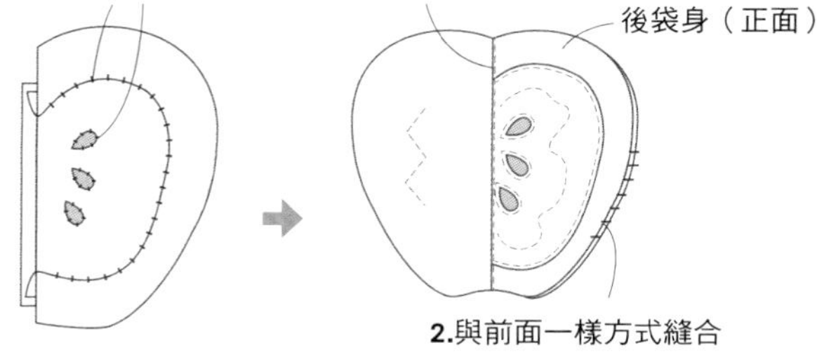

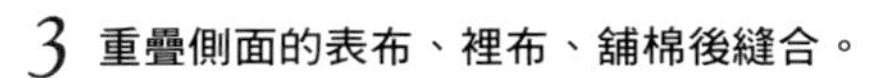

3 重疊側面的表布、裡布、舖棉後縫合。

1.縫合
表布（背面）
舖棉
裡布（正面）
2.剪掉縫份的舖棉

4 將側面壓線，並進行滾邊。

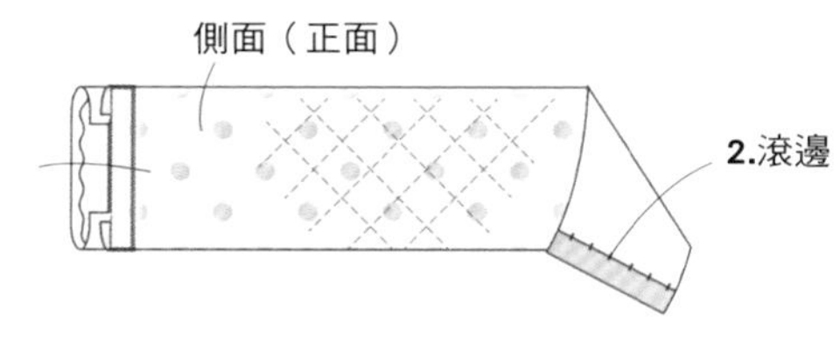

5 袋身與側面正面相對縫合。

6 縫合枝幹，穿過毛線進行平針縫。

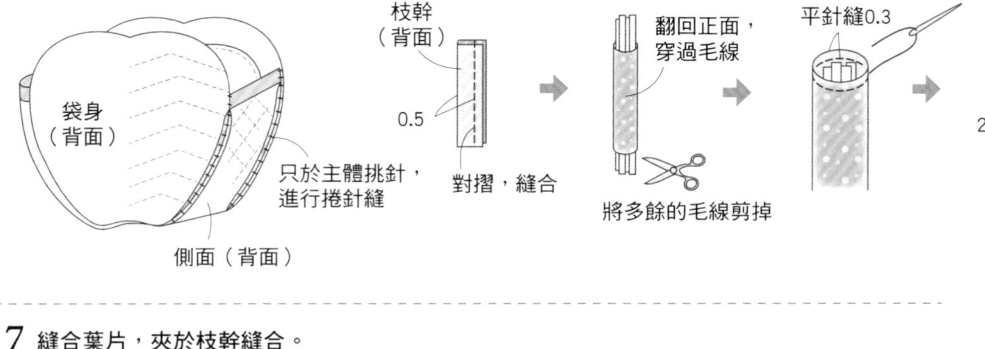

7 縫合葉片，夾於枝幹縫合。

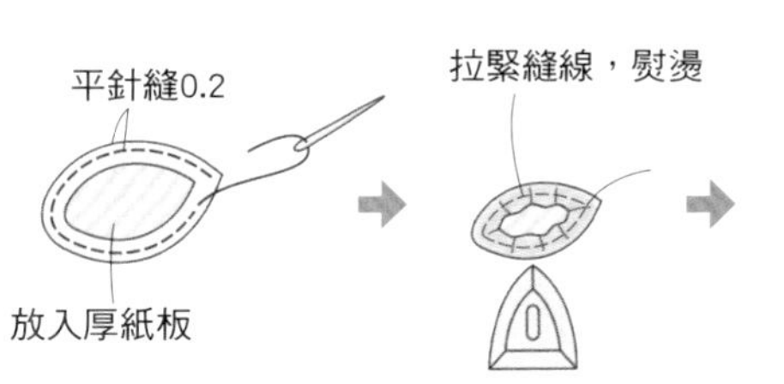

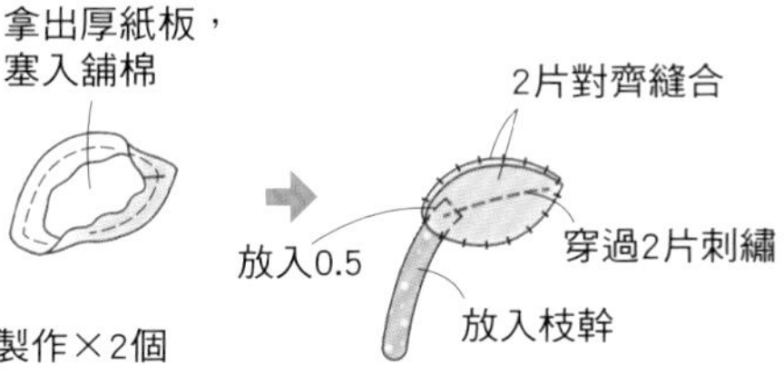

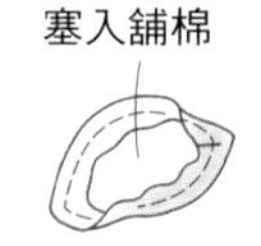

2片對齊縫合
放入0.5
穿過2片刺繡
放入枝幹

完成作品

芯的部分
進行藏針縫
後面縫合於內側
刺繡
8.3
4
8.5

家族的回憶BOX

作法 / P.84

每個人都有一些想要珍惜的重要物品。
如此重要的物品，為什麼不作一個盒子來存儲呢？
雖說有很多非常好的紙盒，但我絕對是一個手作派。
原因是：若將珍惜的物品放在手工盒中，則永遠不會丟失。
盒子本身就很重要！
我不僅將它用來放置有紀念性的物品，還會用它放置布料。

26

蓋子圖案是運用「糖漬柑橘」的紙型

收納珍惜的物品……

貼布縫中，

加入一部分刺繡，

增添一點童趣。

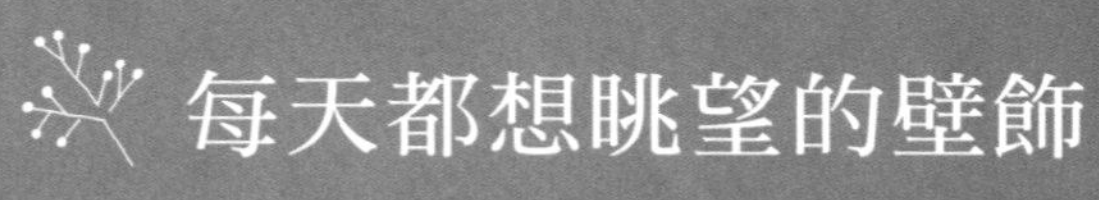

每天都想眺望的壁飾

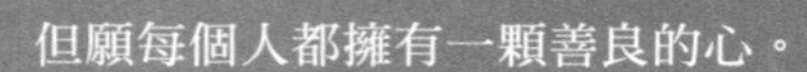

作法 / P.87

但願每個人都擁有一顆善良的心。
看到可愛的東西時，是否都會不自覺的展開笑顏呢？
對我來說，拼布壁飾也是這樣的物品，每次看到它，
就不自覺地產生微笑。

27

無止盡揮灑
喜愛顏色布片的壁飾

自從開始縫製花籃拼布至今，已經35年以上，它儼然成為我最喜歡的樣式。
在感受時代潮流的同時，雖說也可以以五顏六色表現。
但現在的我卻將明亮、快樂的顏色穿入其中，我醉心於這樣趣味性豐富的表現。

28

作法／P.88

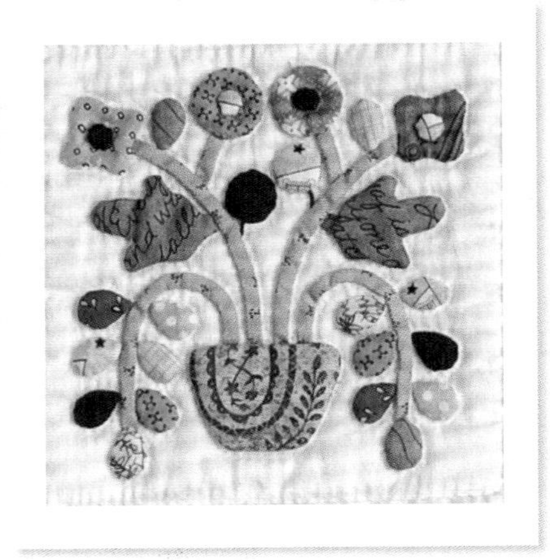

裝飾在家裡就可以感受到幸福氣場的壁飾

作法／P.91

我設計了九座可愛又夢幻的房子，
讓布材看起來宛如糖果一樣美味！
盡我所能將周圍貼滿貼布縫，
是一生都想珍惜的拼布壁飾。

29

祈禱一直到2031
都能幸福的生肖壁飾

這是很多人每年都在期待的“十二生肖”系列。
這系列已經作了很長時間，
但是我更改了年號與布材。
請幸福快樂的度過每一個12年。

子 作法／P.76

30

丑 作法／P.76

31

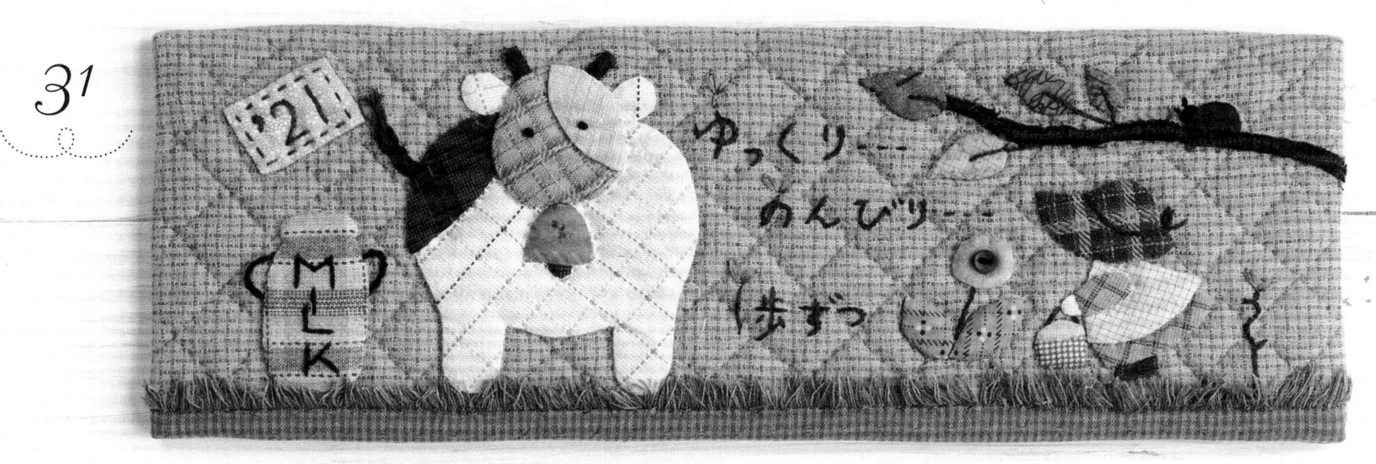

寅 作法／P.76

32

卯 作法／P.77

33

辰 作法／P.77

34

巳 作法／P.77

35

午 作法／P.78

36

未 作法／P.78

37

申 作法／P.78

38

酉 作法／P.75

39

戌 作法／P.75

40

亥 作法／P.75

41

P.74 NO. 39.40.41 生肖 酉・戌・亥

材料 （12 件相同）

- 貼布縫適量
- 土台布 40cm 寬 20cm
- 鋪棉 35cm 寬 15cm
- 各種顏色的 25 號繡線
- 框飾（內部尺寸 30cm×10cm）1 個

※拼接布片縫份為 0.7cm，貼布縫縫份為 0.3 至 0.5cm
※土台布的周圍縫份約預留 2cm
※依據作品需求，請準備適量的蕾絲與飾珠。

1 完成貼布縫與刺繡，並製作主體。

2 重疊主體與鋪棉、裡布後，進行壓線。

3 包捲於框飾板子上，並收納於框飾內。

原寸紙型 B 面

40

2.貼布縫、刺繡

壓線

以鎖鍊繡填滿

1.於土台布進行貼布縫

※與NO.39相同大小

41

2.貼布縫、刺繡

壓線

1.於土台布進行貼布縫

※與NO.39相同大小

生肖 子・丑・寅

原寸紙型A面

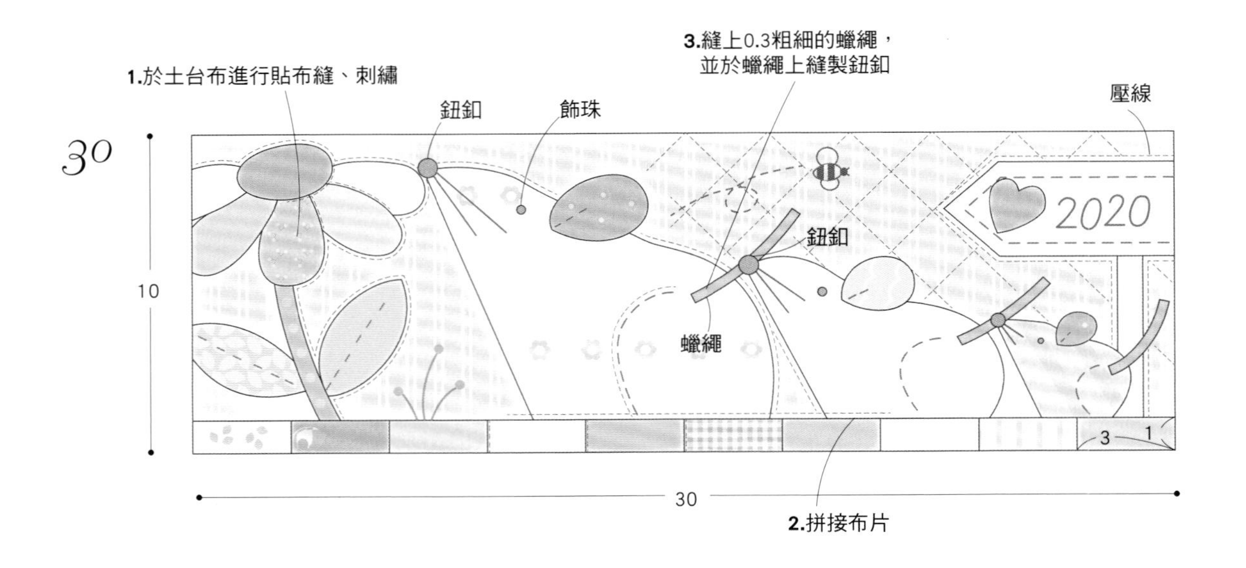

※與NO.30相同大小

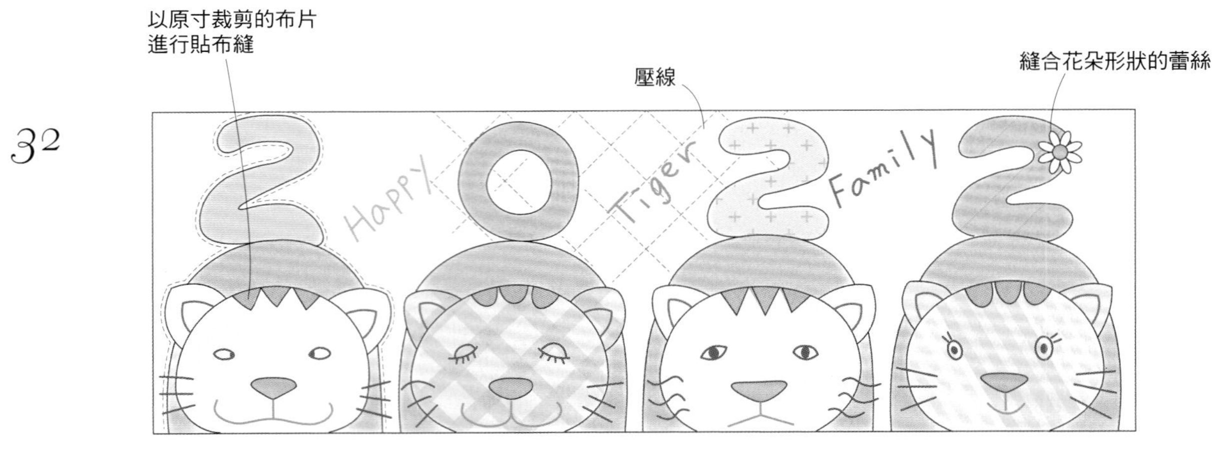

※與NO.30相同大小

 生肖 卯・辰・巳

原寸紙型A面

33

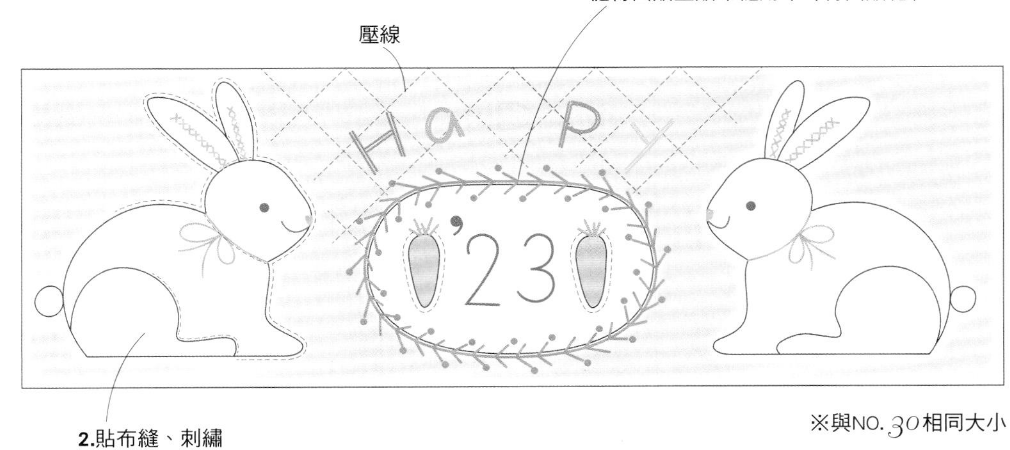

※與NO.30相同大小

34

縫合飾珠

壓線

貼上眼睛

※與NO.30相同大小

35

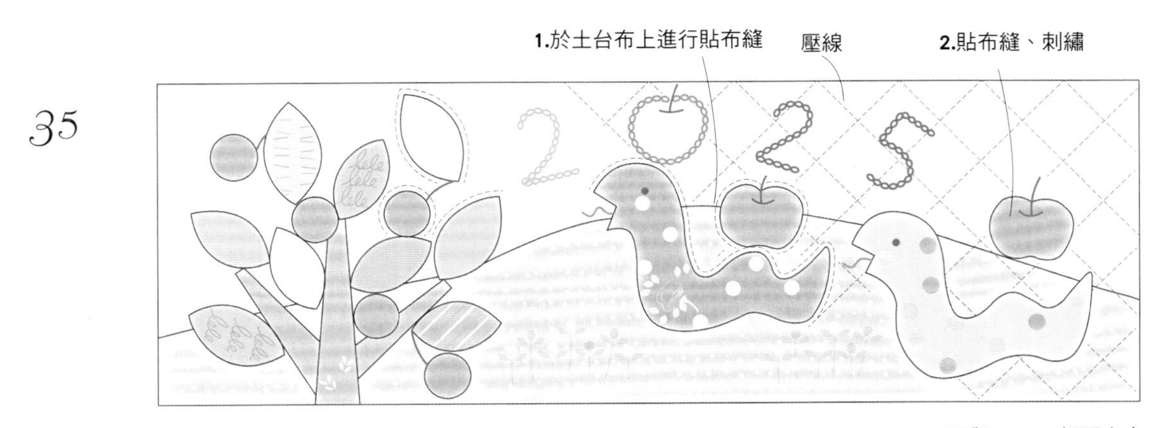

※與NO.30相同大小

原寸紙型B面

36

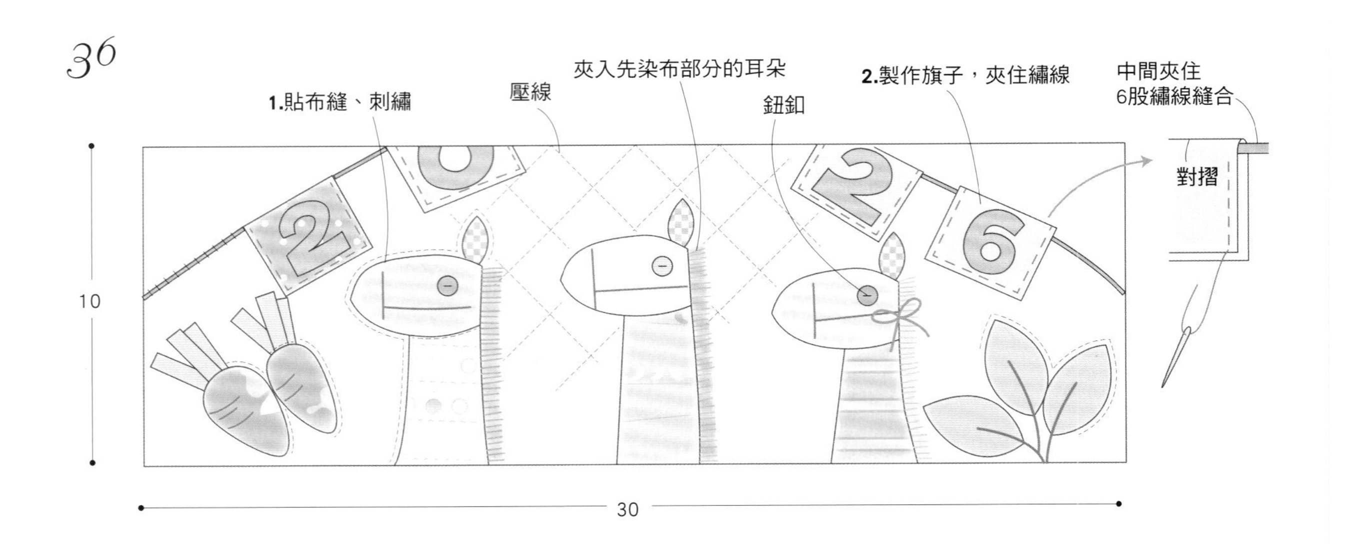

37

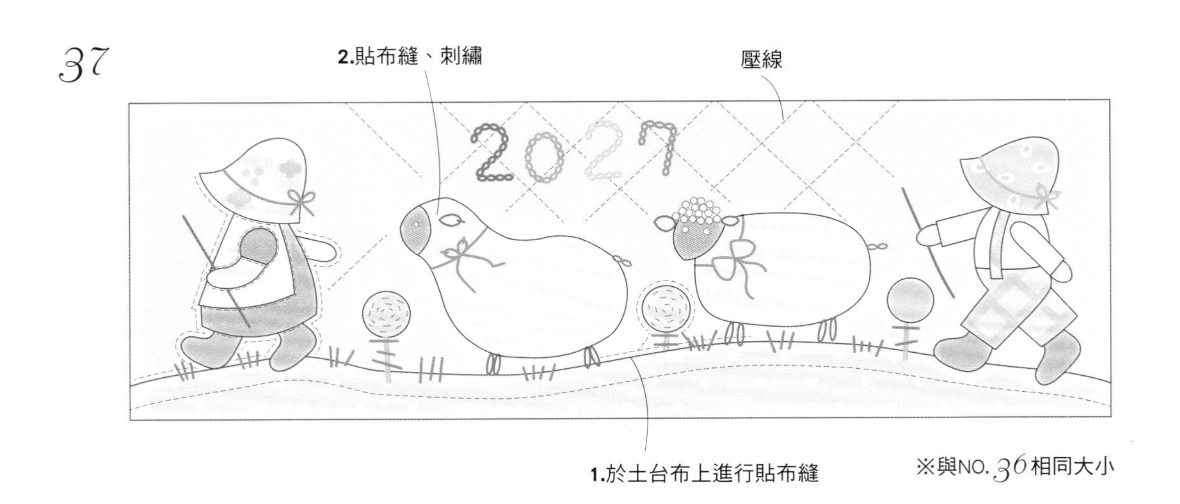

※與NO.36相同大小

38

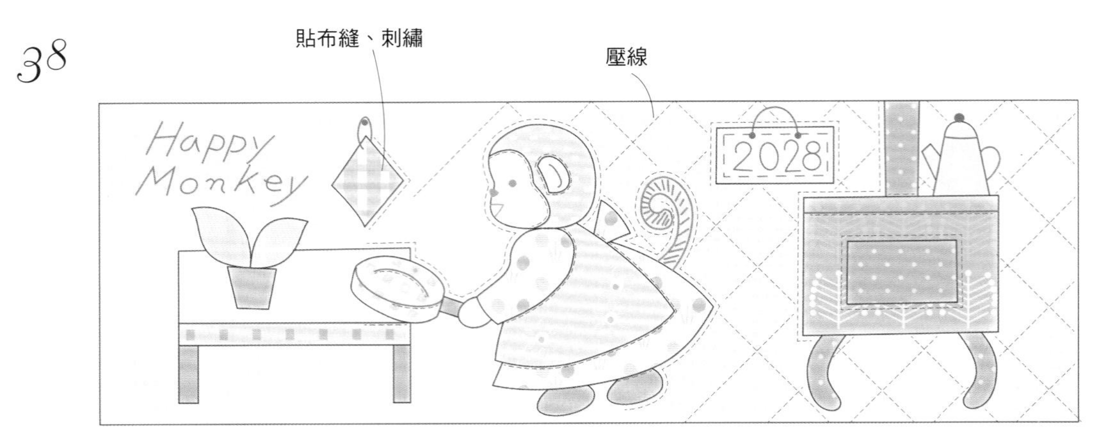

※與NO.36相同大小

P.8 NO. 3 威尼斯色彩斜背包

材料

- 葉片貼布縫用布適量
- 框架貼布縫用布 6 種各 20cm 寬 10cm
- 土台布 6 種各 11cm 寬 11cm
- 表布（棕色編織布）35cm 寬 20cm
- 鋪棉 30cm 寬 40cm
- 裡布（灰色格子）30cm 寬 40cm
- 拉鍊（25cm）1 條
- 圓形大飾珠（黑色）24 個
- 肩帶繩（120cm）1 條
- D 環（內部尺寸 1cm）2 個
- 25 號繡線（棕色，苔綠色）

※拼接布片縫份為 0.7cm，貼布縫縫份為 0.5cm，除了指定之外皆為 1cm

原寸紙型 D 面

前袋身1片
（主體、鋪棉、裡布）

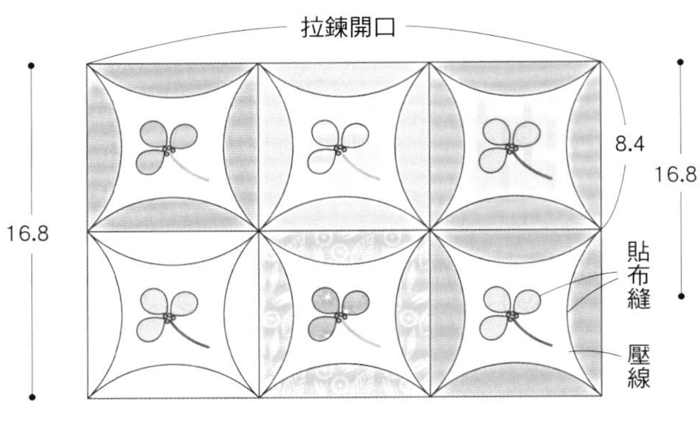

後袋身1片
（表布、鋪棉、裡布）

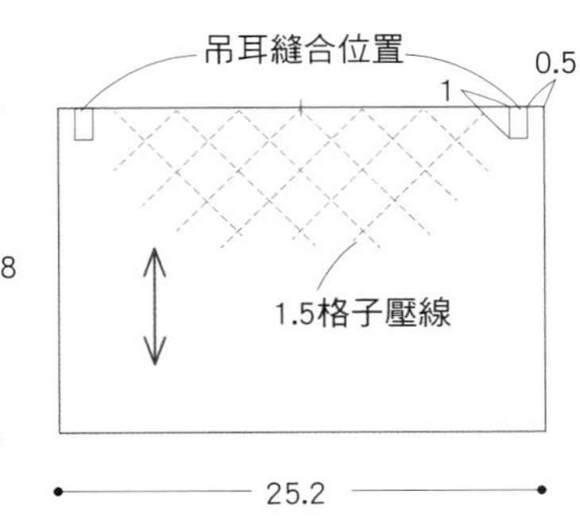

吊耳2片（表布）

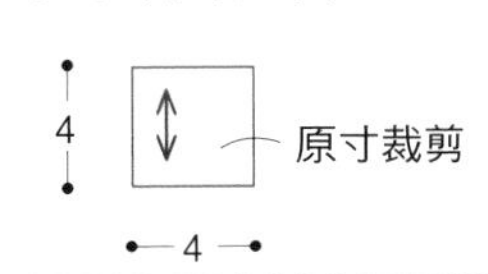

1 完成貼布縫。

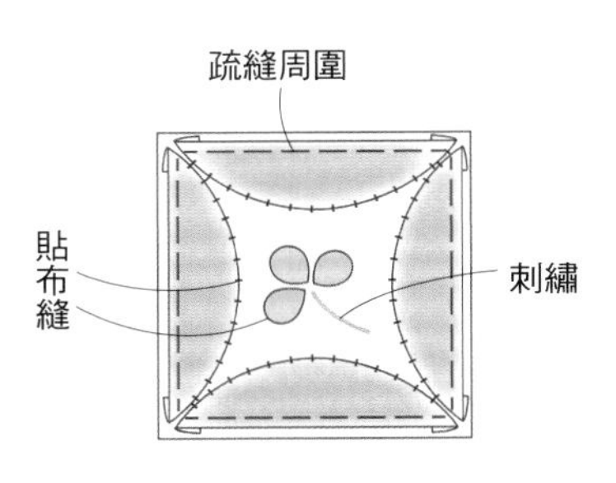

2 重疊主體、裡布、鋪棉後縫合。

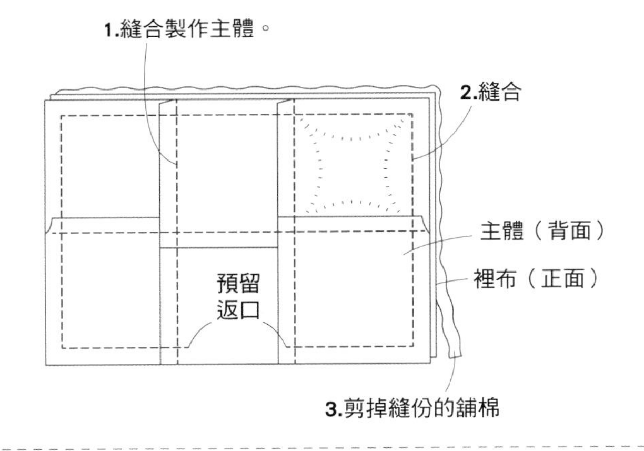

3 壓線，並製作前袋身。

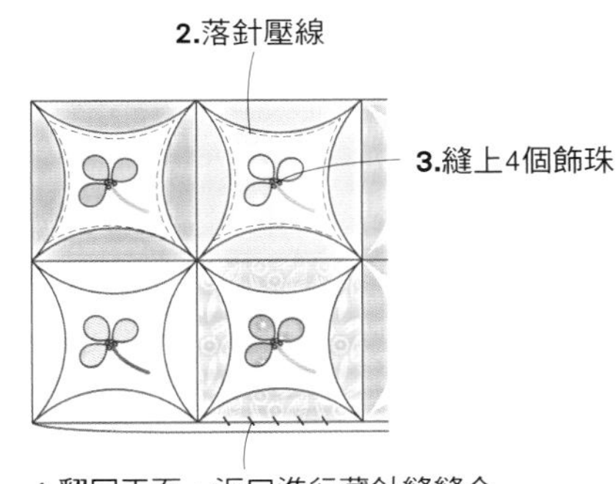

※後袋身以1片布製作

4 將袋身正面相對縫合。

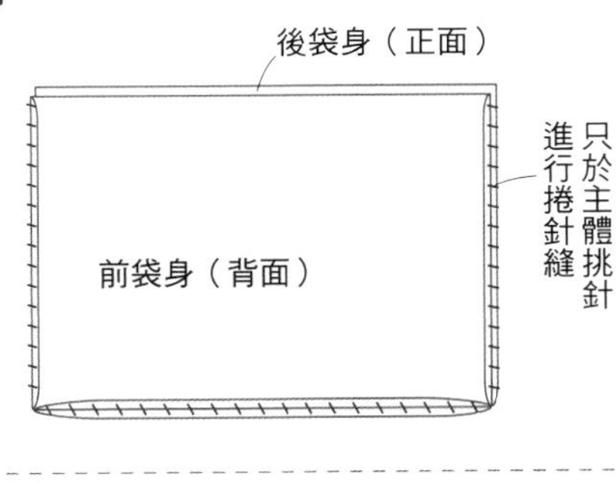

5 縫合固定拉鍊。

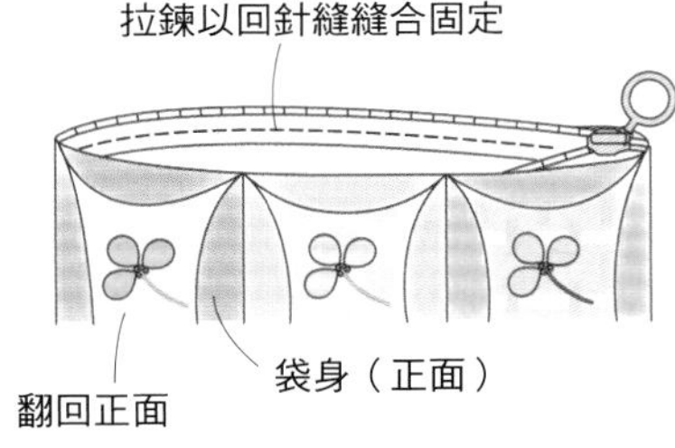

完成作品

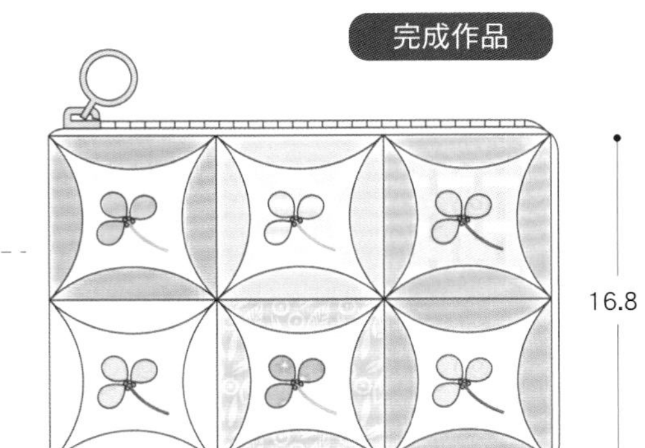

6 製作吊耳，並縫合於後袋身。

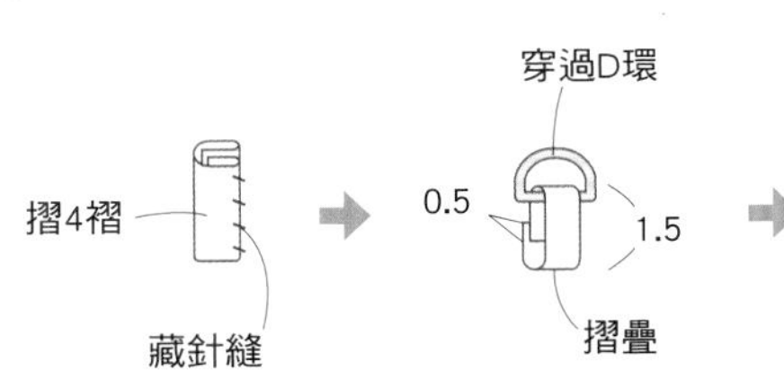

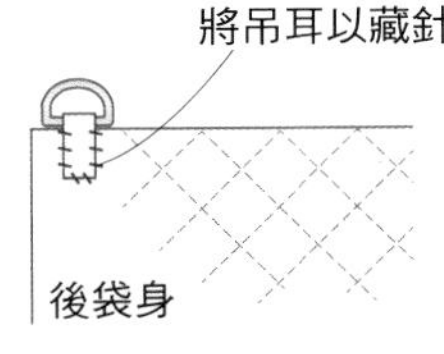

P.12 NO.5

清爽藍色大花朵波奇包

材料

- 花朵貼布縫用布，拉鍊裝飾（淺藍色）15cm 寬 10cm
- 花心貼布縫用布（黃色條紋）5cm 寬 5cm
- 葉片貼布縫用布（綠色總計）15cm 寬 10cm
- 莖貼布縫用布（棕色）1.5cm 寬 5cm 斜紋布 4 條
- 表布（原色編織布料）35cm 寬 50cm
- 滾邊布條 3.5cm 寬 25cm2 條
- 側身裝飾布 2 色 2.8cm 寬 6cm2 條
- 配布（淺藍色）15cm 寬 3cm
- 鋪棉 50cm 寬 20cm
- 裡布（黃色印花）50cm 寬 35cm
- 飾珠（直徑 0.3cm / 黑色）12 個
- 拉鍊（20cm）1 件
- 25 號繡線（棕色）

※貼布縫縫份為 0.5cm，除了指定之外皆為 1 cm

原寸紙型 A 面

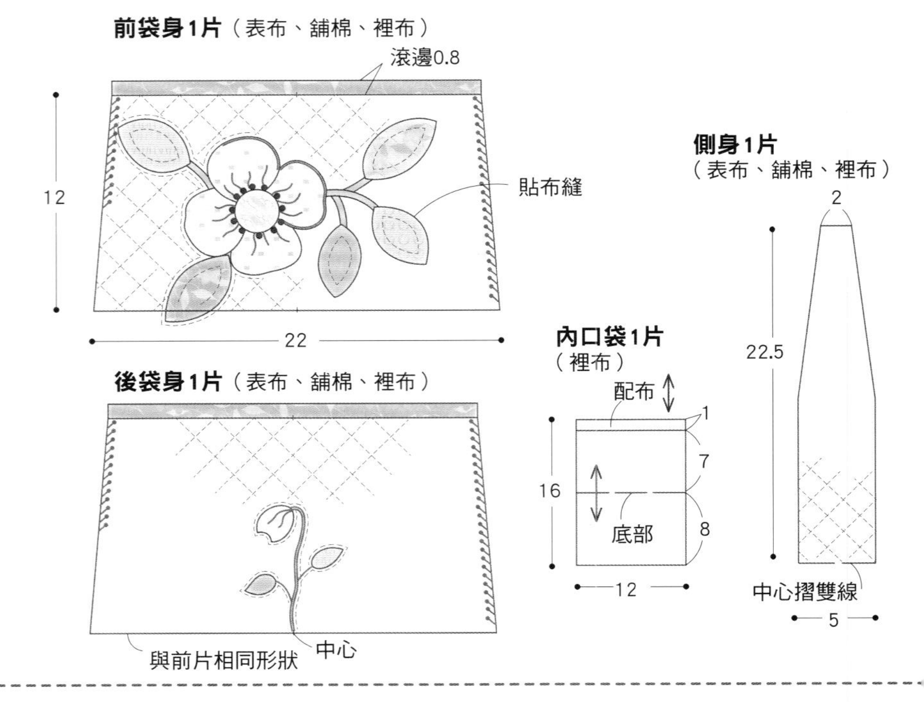

1 完成貼布縫，製作主體。

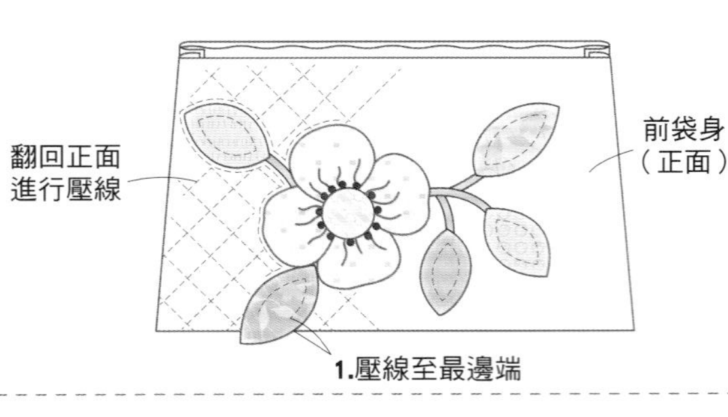

2 重疊表布與裡布、鋪棉後縫合周圍。

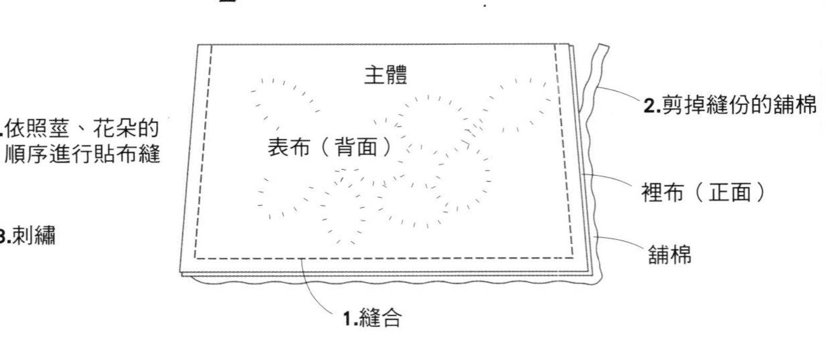

3 進行壓線。

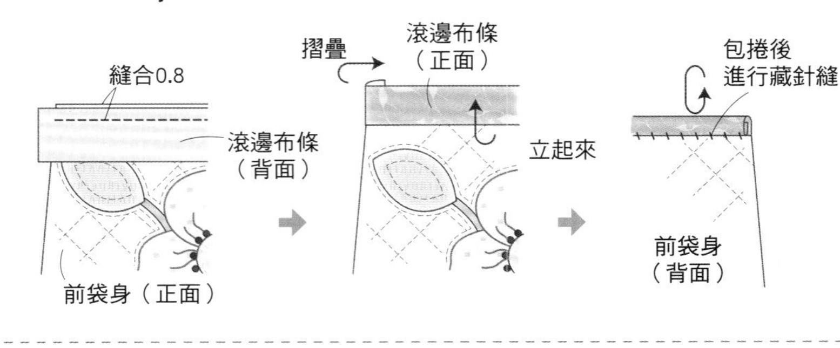

4 袋口處以滾邊處理。

5 花心的周圍縫上飾珠。

6 後袋身以相同方法製作。

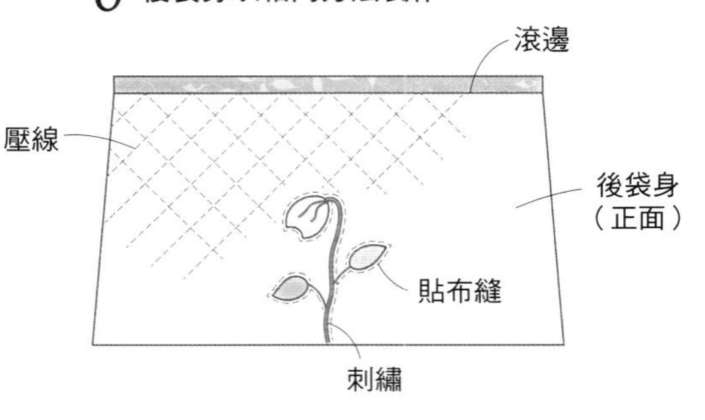

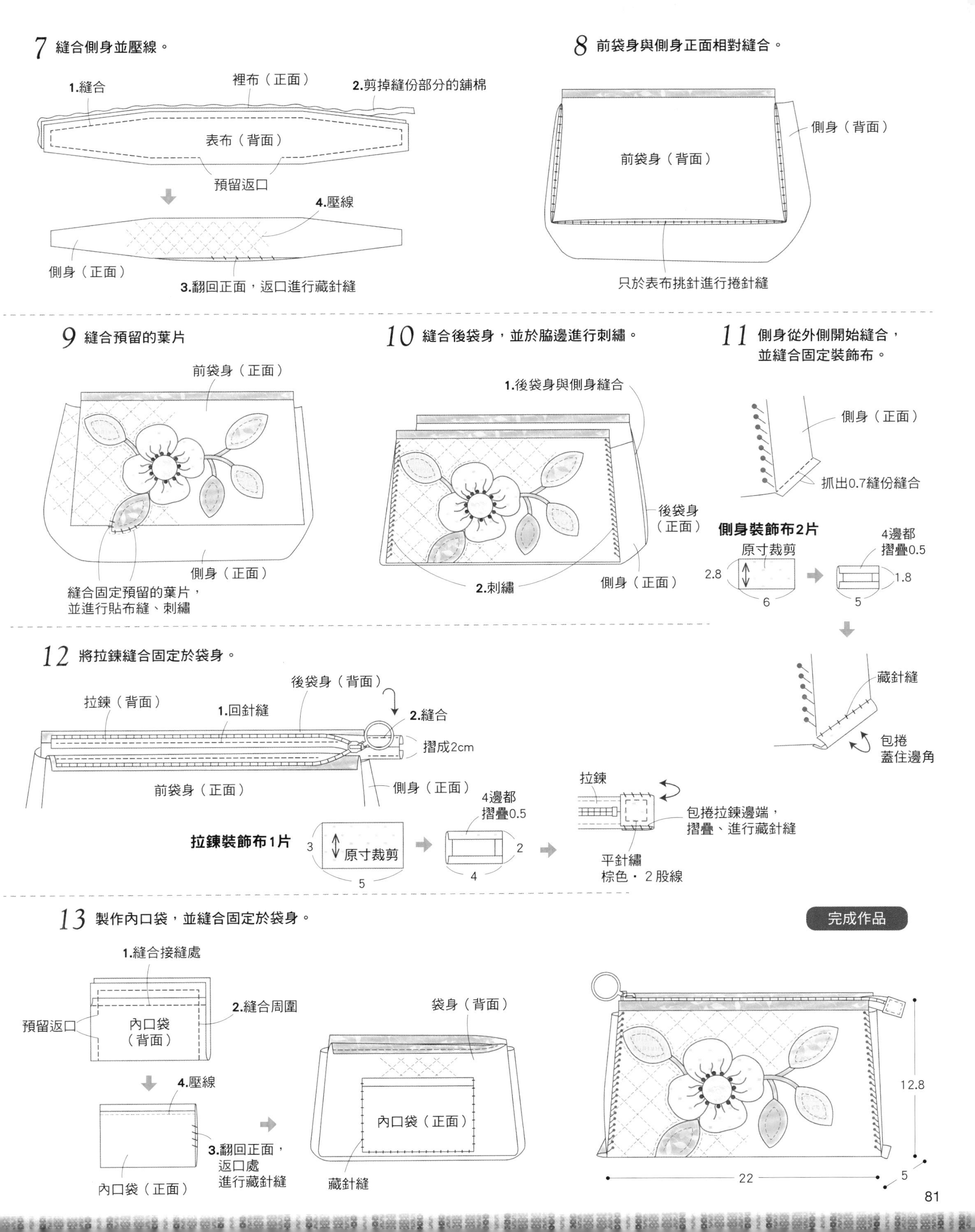
7 縫合側身並壓線。
1.縫合
裡布（正面）
2.剪掉縫份部分的鋪棉
表布（背面）
預留返口
4.壓線
側身（正面）
3.翻回正面，返口進行藏針縫
8 前袋身與側身正面相對縫合。
側身（背面）
前袋身（背面）
只於表布挑針進行捲針縫
9 縫合預留的葉片
前袋身（正面）
側身（正面）
縫合固定預留的葉片，
並進行貼布縫、刺繡
10 縫合後袋身，並於脇邊進行刺繡。
1.後袋身與側身縫合
後袋身
（正面）
2.刺繡
側身（正面）
11 側身從外側開始縫合，
並縫合固定裝飾布。
側身（正面）
抓出0.7縫份縫合
側身裝飾布2片
原寸裁剪
4邊都
摺疊0.5
2.8
6
1.8
5
藏針縫
包捲
蓋住邊角
12 將拉鍊縫合固定於袋身。
後袋身（背面）
拉鍊（背面）
1.回針縫
2.縫合
摺成2cm
前袋身（正面）
側身（正面）
4邊都
摺疊0.5
拉鍊裝飾布1片
3
原寸裁剪
5
2
4
拉鍊
包捲拉鍊邊端，
摺疊、進行藏針縫
平針繡
棕色・2股線
13 製作內口袋，並縫合固定於袋身。
1.縫合接縫處
預留返口
內口袋
（背面）
2.縫合周圍
4.壓線
3.翻回正面，
返口處
進行藏針縫
內口袋（正面）
袋身（背面）
內口袋（正面）
藏針縫
完成作品
12.8
22
5

P.29 NO.11　隨風飄逸的可愛葉片

材料

- 貼布縫用布適量
- 土台布 16 種　各 20cm 寬 10cm
- 鋪棉 70cm 寬 35cm
- 裡布（灰色印花）70cm 寬 35cm
- 貼邊用布（灰色格紋）35cm 寬 10cm
- 提把（50cm）1 組
- 25 號繡線（棕色，綠色，藍灰色，白色）

※拼接布片縫份為 0.7cm，貼布縫縫份為 0.5cm、除了指定之外皆為 1cm

原寸紙型 C 面

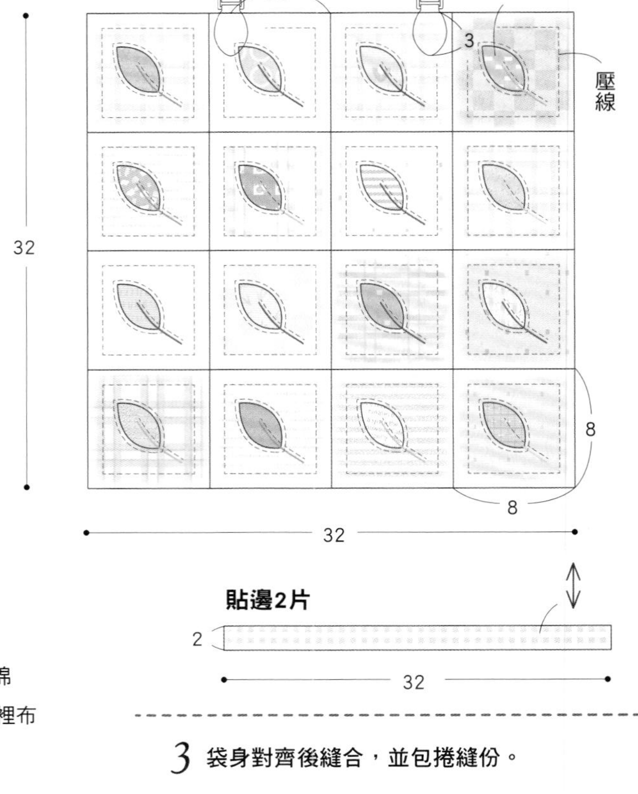

1 完成貼布縫，並製作主體。

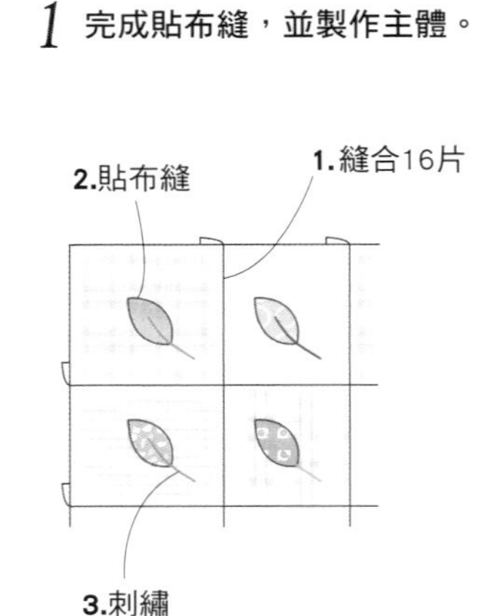

※後袋身僅需拼接布片

2 進行壓線，並製作袋身。

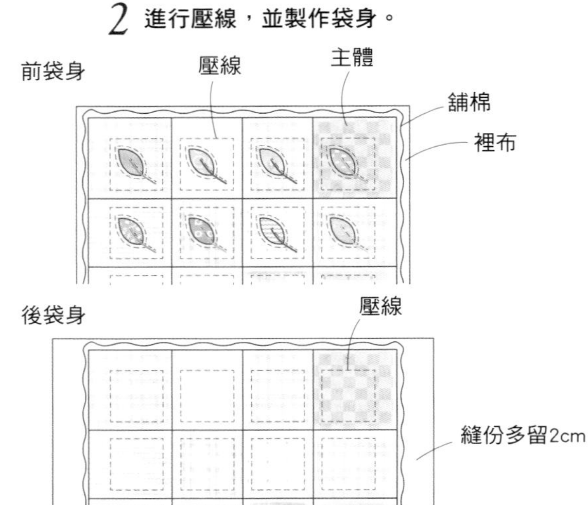

3 袋身對齊後縫合，並包捲縫份。

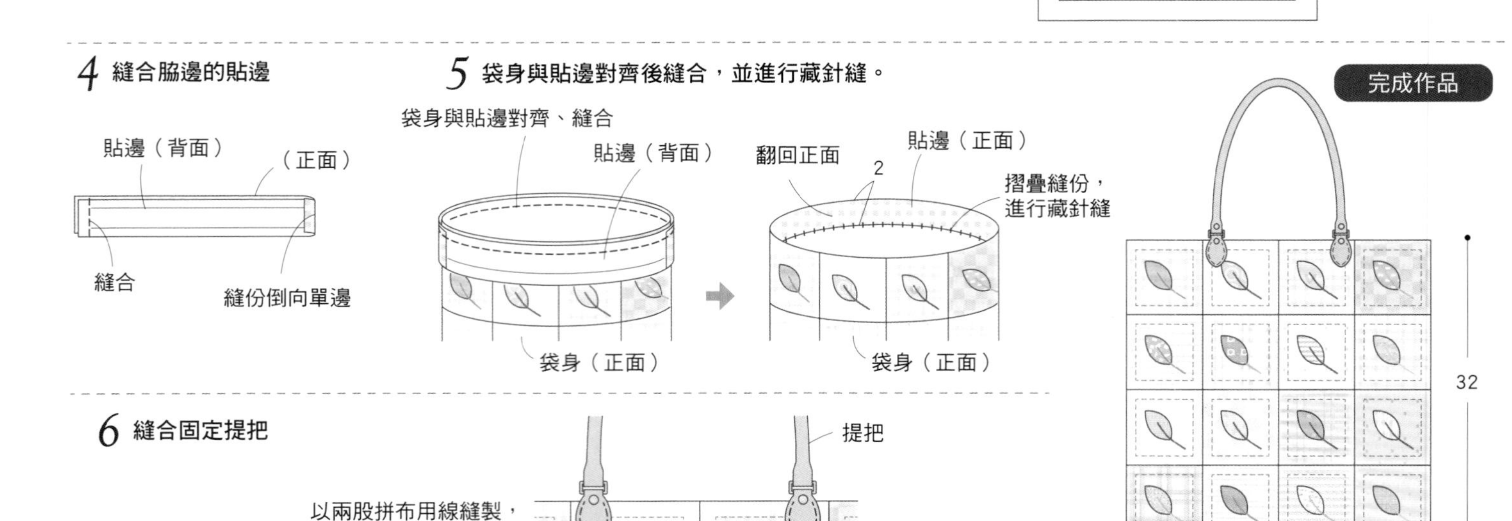

P.52 NO.21 小巧玲瓏就是可愛！

材料

- 貼布縫用布適量
- 表布（棕色編織布料）20cm 寬 20cm
- 鋪棉 15cm 寬 20cm
- 裡布（淺藍色印花）15cm 寬 20cm
- 滾邊布條（淺藍色印花）3.5cm 寬 45cm 斜紋布
- 拉鍊（20cm）1 條
- 25 號繡線（棕色，原色，粉紅色）

※貼布縫縫份為 0.3 至 0.5cm、除了指定之外皆為 1cm

原寸紙型 A 面

袋身1片（主體、鋪棉、裡布）

滾邊0.6

13.4

底部

9

內側身2片（表布）

摺雙

4

5

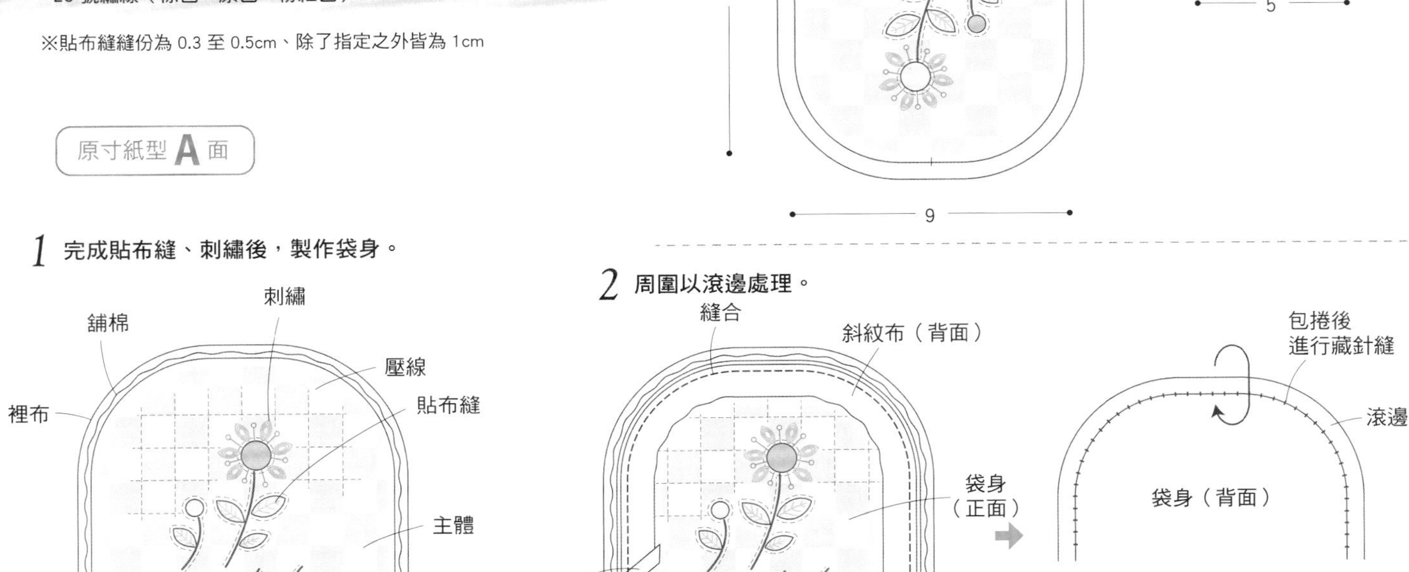

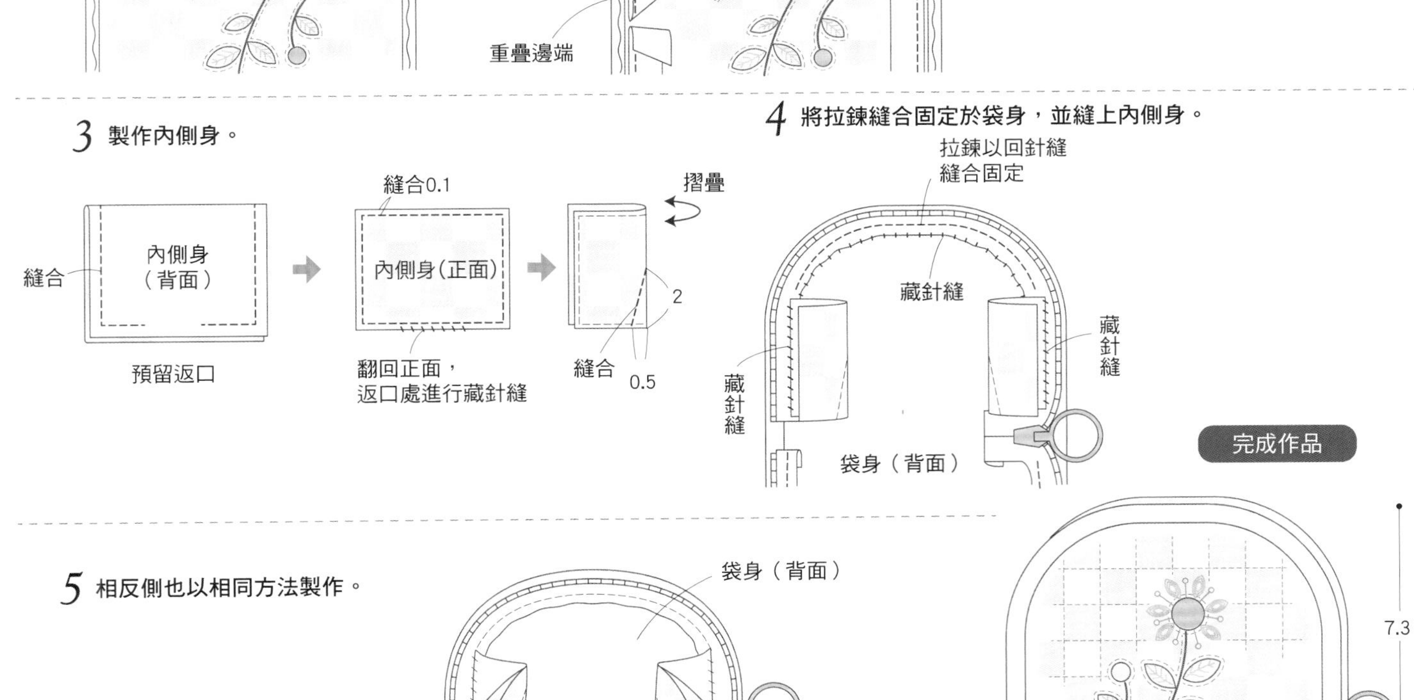

P.62 NO.26 家族的回憶BOX

材料

- 蓋子的貼布縫用布（黃色）8cm 寬 8cm、（紫色）4cm 寬 4cm
- 花的拼接用布片 10 種（淺藍色）各 12cm 寬 10cm
- 葉片的拼接用布片 10 種（綠色系）各 8cm 寬 10cm
- 花的內側用布 10 種（米色系）各 10cm 寬 10cm
- 花心用布 10 種（黃色系）各 4cm 寬 4cm
- 磚塊的貼布縫用布（褐色系）30cm 寬 20cm
- 表布（米色編織布料）75cm 寬 50cm
  3.5cm 寬 65cm 的斜紋布 2 條
- 鋪棉 75cm 寬 50cm
- 裡布（灰色印花）75cm 寬 50cm
- 花形鈕釦（直徑 1.2cm）6 個
- 25 號繡線（黃綠色，棕色）
- 內箱布（米色印花）90cm 寬 70cm
- 塑料板 40cm×20cm
- 工藝用紙板 65cm×40cm

※拼接布片縫份為 0.7cm，貼布縫縫份為 0.3 至 0.5cm、除了指定之外皆為 1cm

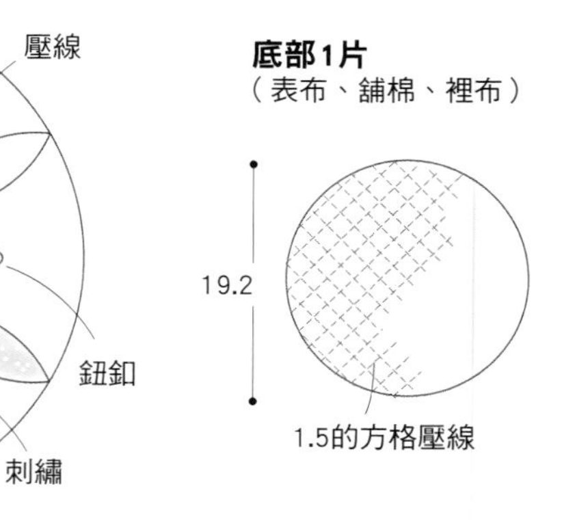

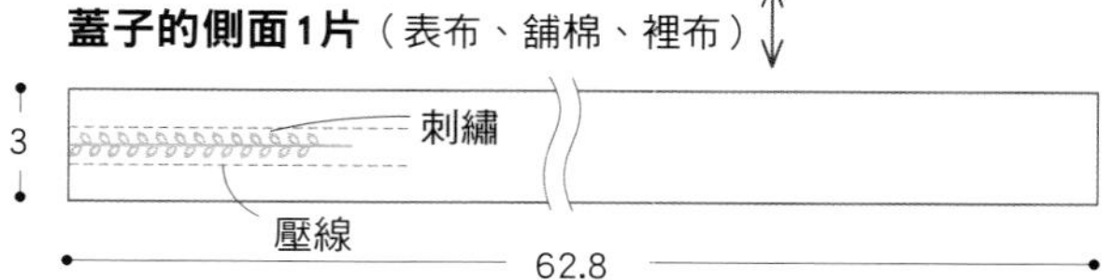

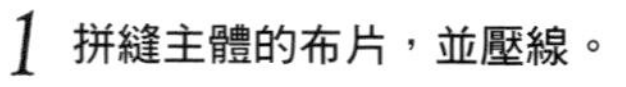

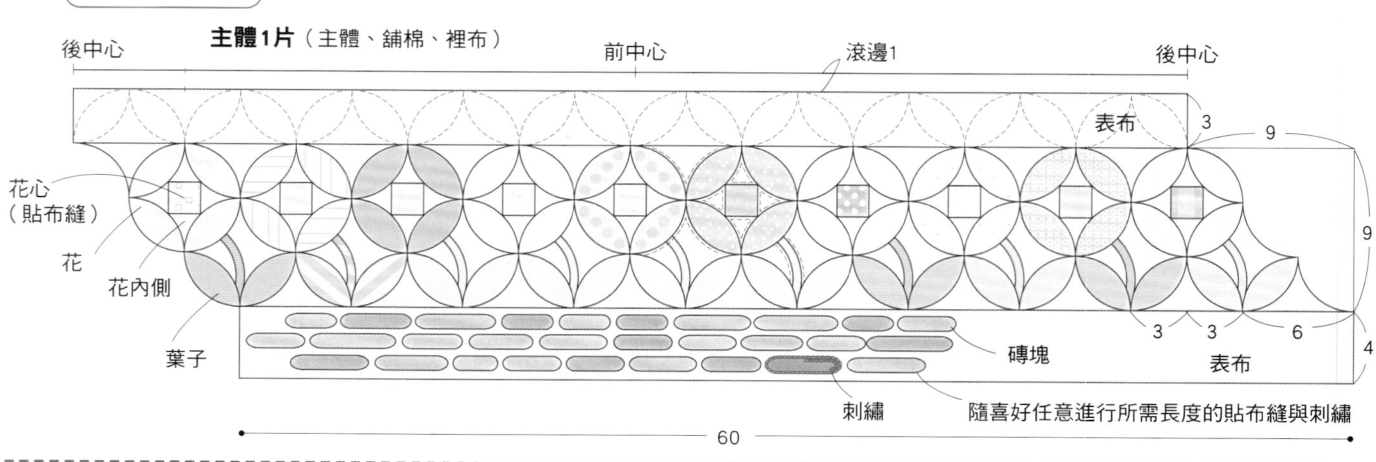

1 拼縫主體的布片，並壓線。

2 縫合脇邊的主體，並使其成為一圈。

3 縫合脇邊的鋪棉部分。

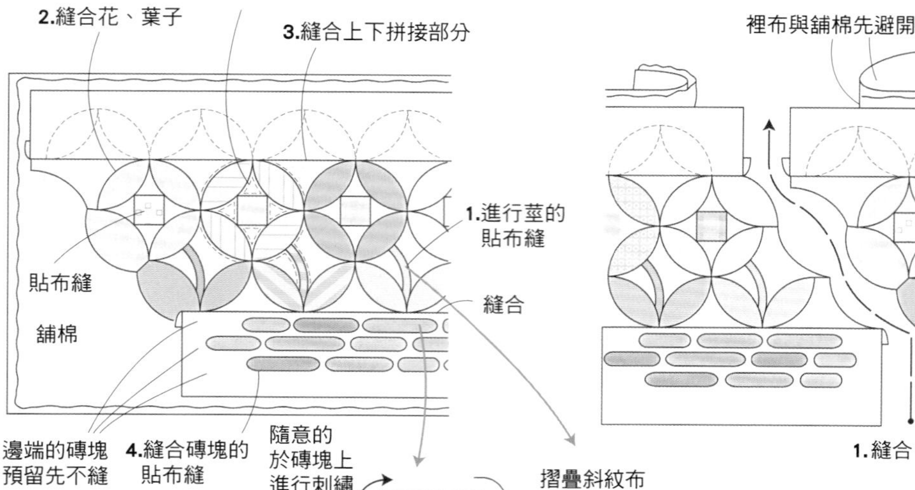

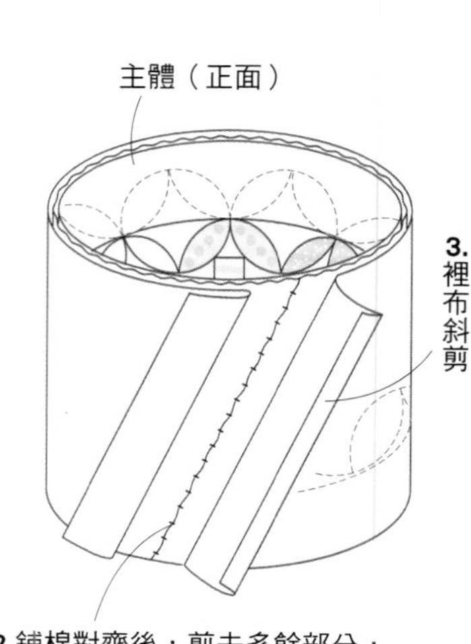

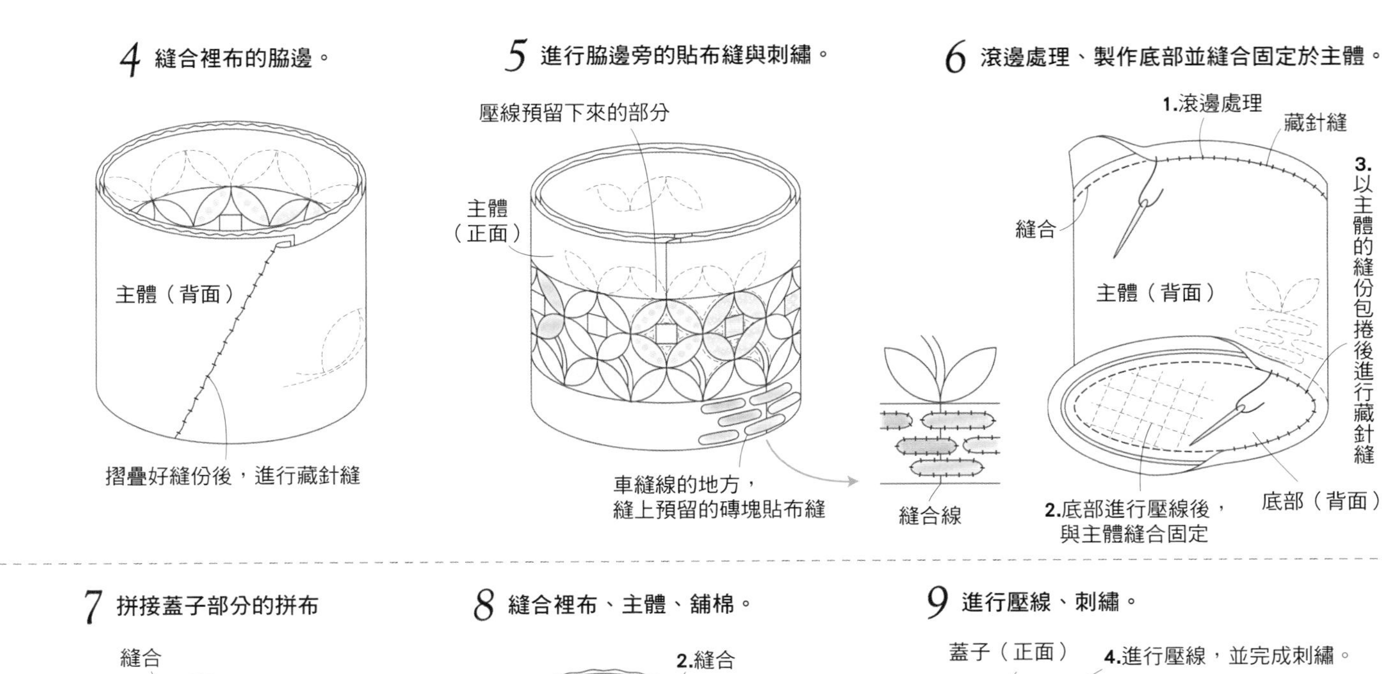

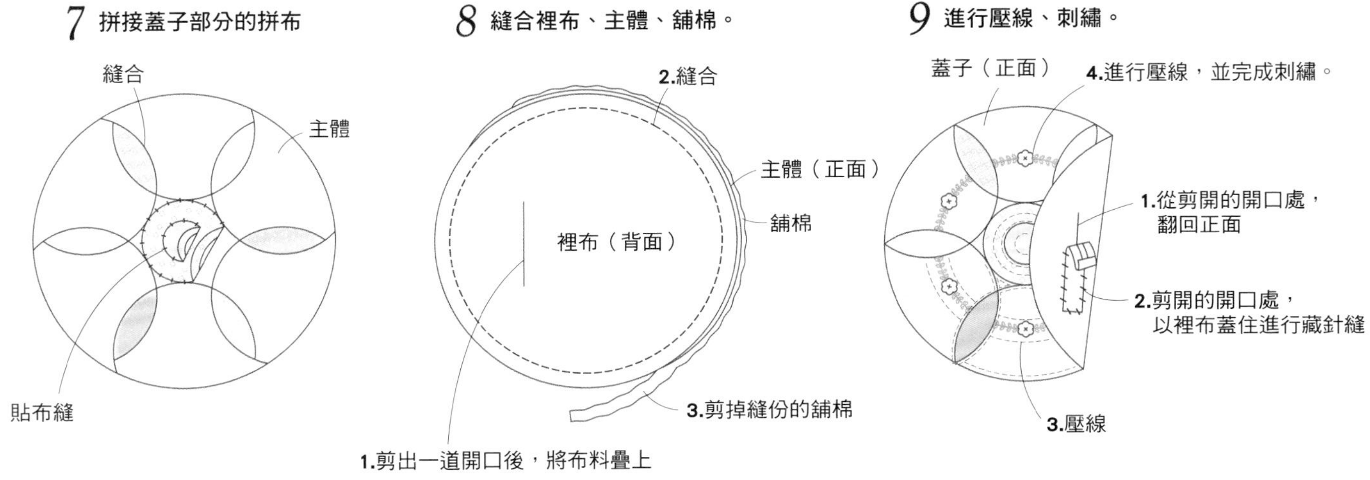

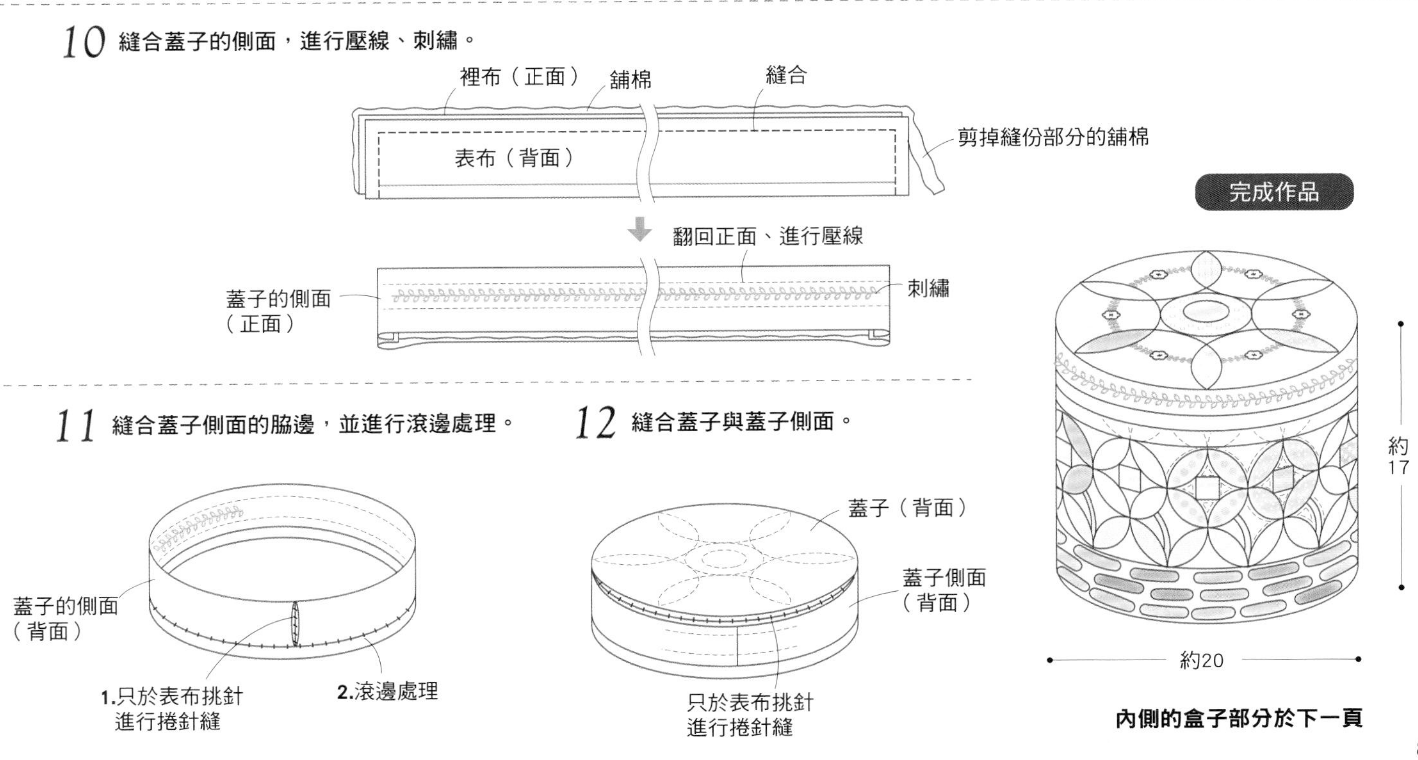

內側的盒子部分於下一頁

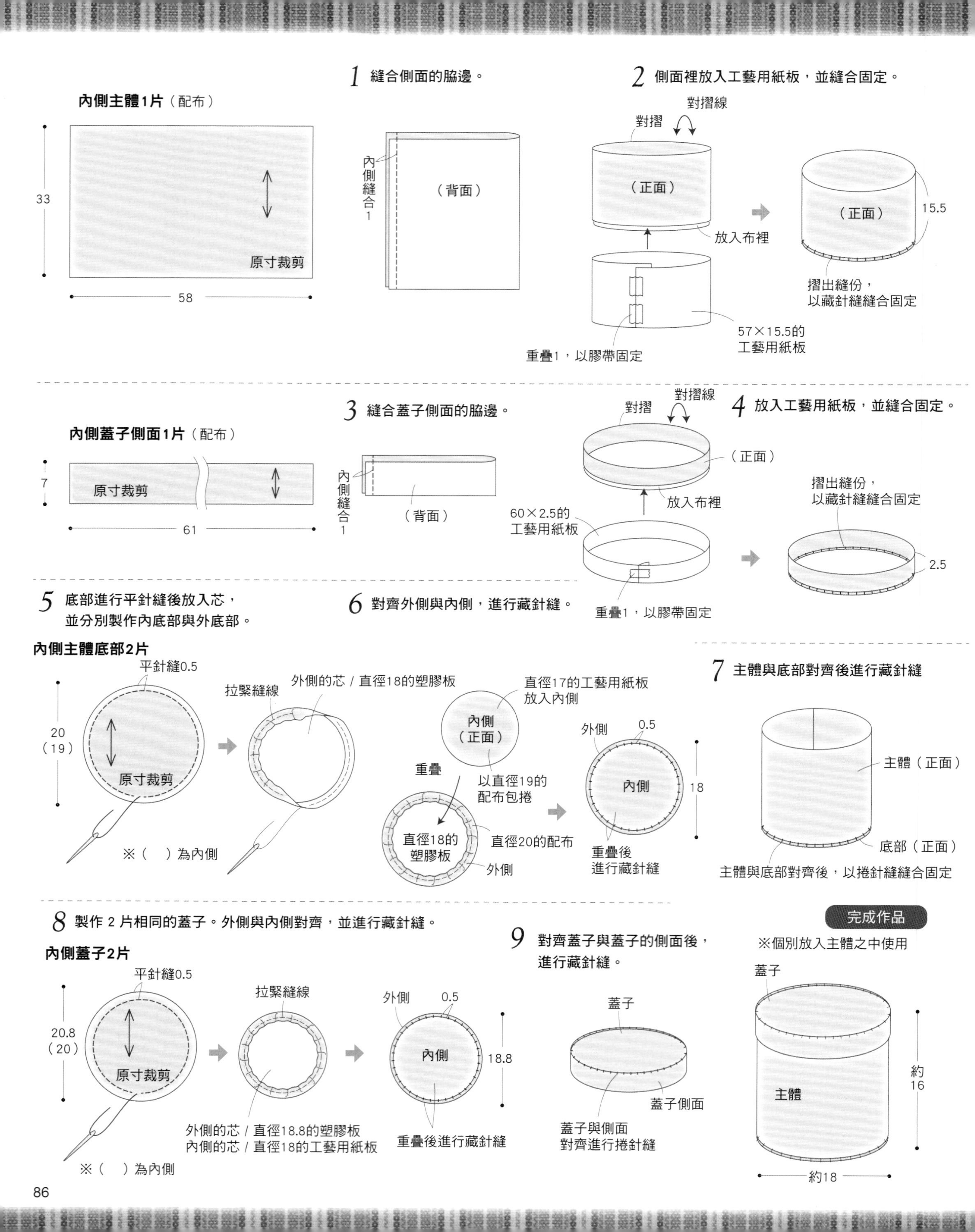

內側主體1片（配布）
33
58
原寸裁剪
1 縫合側面的脇邊。
內側縫合1
（背面）
2 側面裡放入工藝用紙板，並縫合固定。
對摺線
對摺
（正面）
放入布裡
15.5
（正面）
摺出縫份，
以藏針縫縫合固定
57×15.5的
工藝用紙板
重疊1，以膠帶固定
內側蓋子側面1片（配布）
7
原寸裁剪
61
3 縫合蓋子側面的脇邊。
內側縫合1
（背面）
對摺線
對摺
（正面）
放入布裡
60×2.5的
工藝用紙板
重疊1，以膠帶固定
4 放入工藝用紙板，並縫合固定。
摺出縫份，
以藏針縫縫合固定
2.5
5 底部進行平針縫後放入芯，
並分別製作內底部與外底部。
內側主體底部2片
平針縫0.5
20
（19）
原寸裁剪
※（　）為內側
拉緊縫線
外側的芯／直徑18的塑膠板
6 對齊外側與內側，進行藏針縫。
直徑17的工藝用紙板
放入內側
內側
（正面）
以直徑19的
配布包捲
重疊
直徑18的
塑膠板
直徑20的配布
外側
外側
0.5
內側
18
重疊後
進行藏針縫
7 主體與底部對齊後進行藏針縫
主體（正面）
底部（正面）
主體與底部對齊後，以捲針縫縫合固定
8 製作 2 片相同的蓋子。外側與內側對齊，並進行藏針縫。
內側蓋子2片
平針縫0.5
20.8
（20）
原寸裁剪
※（　）為內側
拉緊縫線
外側的芯／直徑18.8的塑膠板
內側的芯／直徑18的工藝用紙板
外側
0.5
內側
18.8
重疊後進行藏針縫
9 對齊蓋子與蓋子的側面後，
進行藏針縫。
蓋子
蓋子側面
蓋子與側面
對齊進行捲針縫
完成作品
※個別放入主體之中使用
蓋子
主體
約16
約18

P.64 NO.27 每天都想眺望的壁飾

材料

- 貼布縫用布適量
- A 布（棕色）8cm 寬 8cm
- B 布（藍色）15cm 寬 15cm
- C 布（淺藍色）20cm 寬 15cm
- D 布（黃綠色）10cm 寬 7cm
- 拼布邊框（藍色）20cm 寬 15cm
- E 布（棕色）25cm 寬 15cm
- F 布（米色）25cm 寬 20cm
- G 布（灰色）25cm 寬 25cm
- 內側身框用布（灰色）70cm 寬 20cm
- 細邊框用布（棕色格紋）35cm 寬 20cm
- 外側身框用布（灰色）65cm 寬 25cm
- 滾邊條（棕色格紋）3.5cm 寬 55cm 4 條
- 鋪棉 55cm 寬 55cm
- 裡布 55cm 寬 55cm
- 25 號繡線（棕色，綠色）
- 5 號繡線（淺藍色）

1 中央的圖案、接縫邊框的布片。

2 製作完成內側身框的鳥與花的貼布縫。

3 製作完成周圍房子的貼布縫，並縫合全體。

4 製作完成四周花朵的貼布縫

5 主體與舖棉、裡布重疊，進行壓線。

6 周圍進行滾邊處理。

原寸紙型 C 面

※拼接布片縫份為 0.7cm，貼布縫縫份為 0.3 至 0.5cm、除了指定之外皆為 1cm

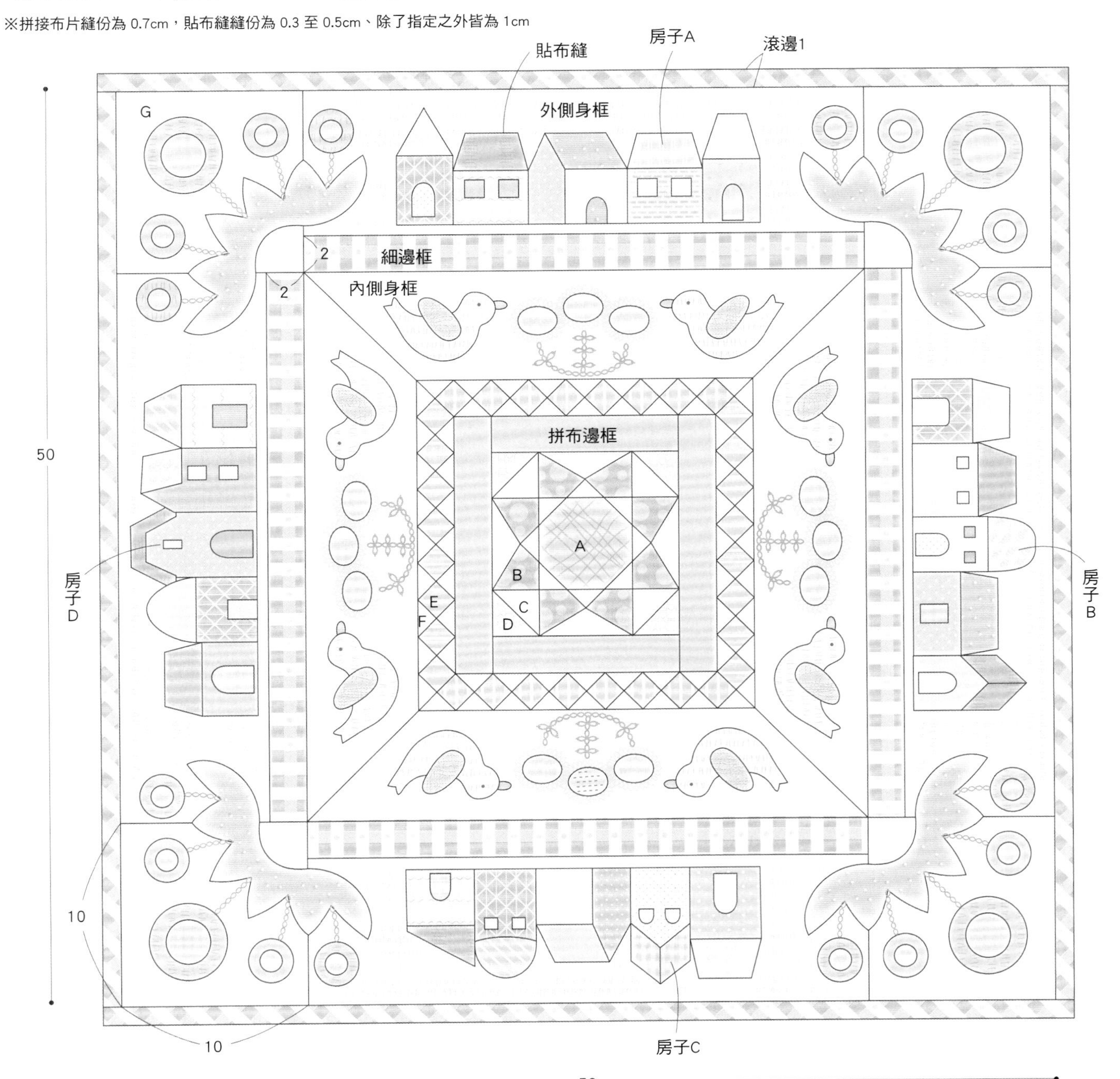

P.66 NO.28
無止盡揮灑喜愛顏色布片的壁飾

原寸紙型 C 面

※將布片組合為布塊時，以紅線劃分為同組區域

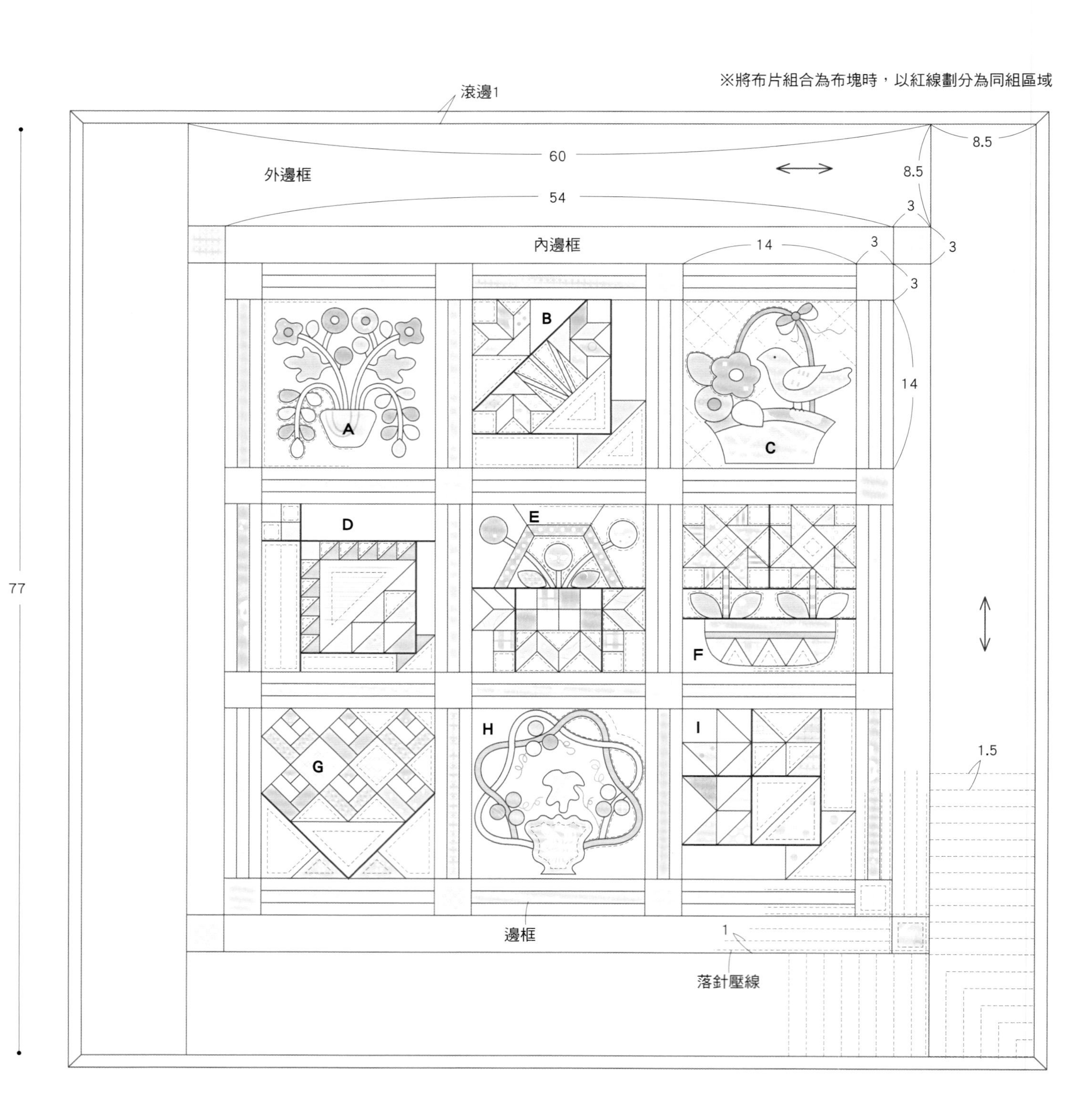

材料

- 拼接用布，貼布縫適量
- 貼布縫土台布（A・C・H／原色素面）50cm 寬 20cm
- 邊框用布（印花）總計 30cm 寬 35cm
- 框架，內邊框用布（原色素面）55cm 寬 60cm
- 外邊框用布（淺藍色印花）40cm 寬 80cm
  3.5cm 寬 330cm 斜紋布
- 鋪棉 85cm 寬 85cm
- 裡布 85cm 寬 85cm
- 25 號繡線（紅色，棕色，綠色，黃綠色）

1 進行各布塊與框架的拼接。

2 內邊框與 1 縫合。

3 縫合外邊框，製作主體。

4 主體與鋪棉、裡布重疊後進行壓線。

5 處理周圍的滾邊。

※拼接布片縫份為 0.7cm，貼布縫縫份為至 0.5cm、除了指定之外皆為 1cm

各布塊進行拼接

B

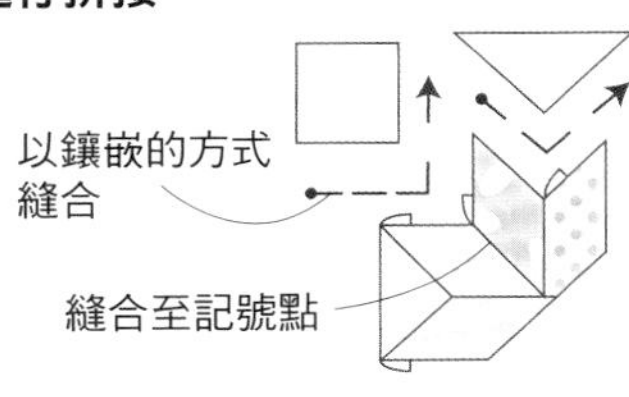

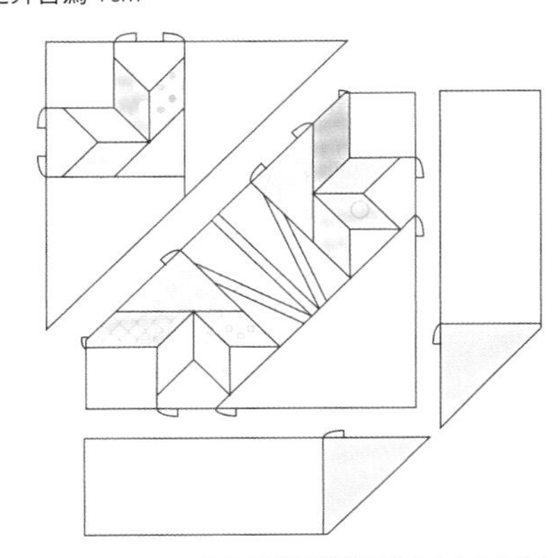

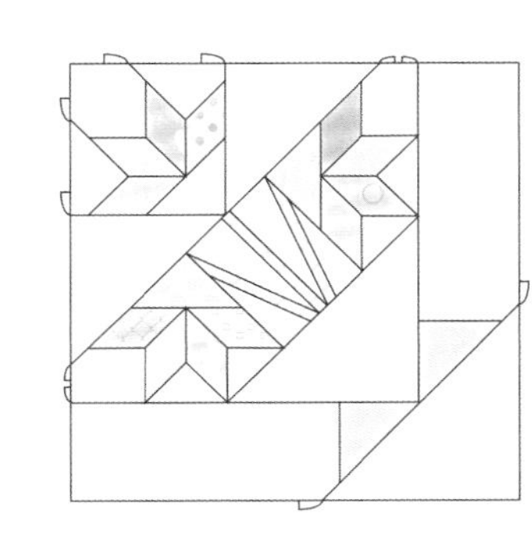

D

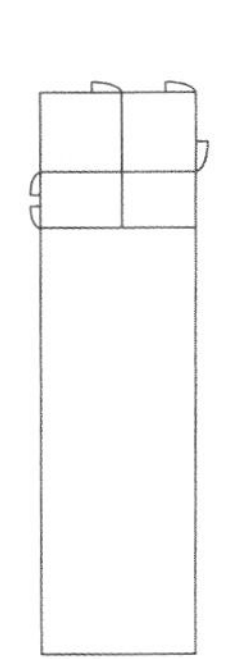

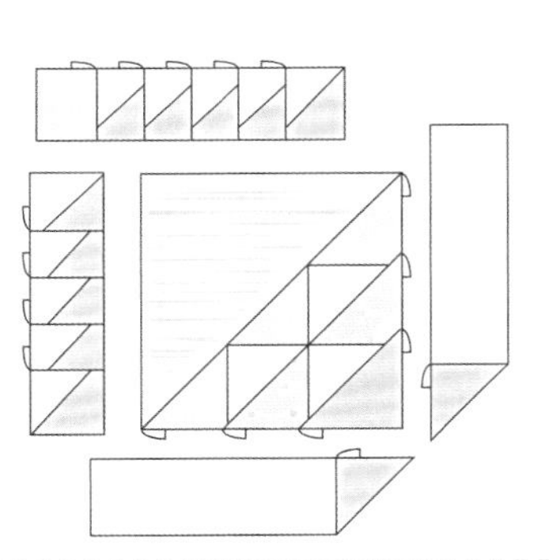

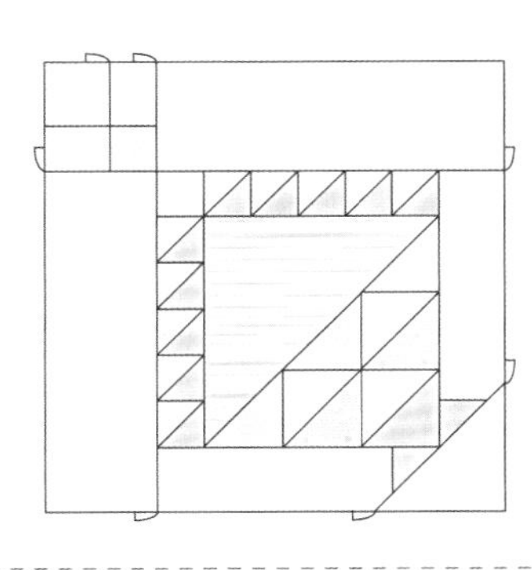

E

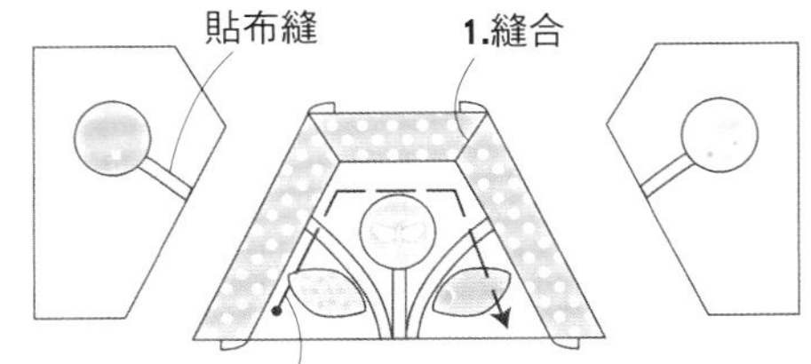

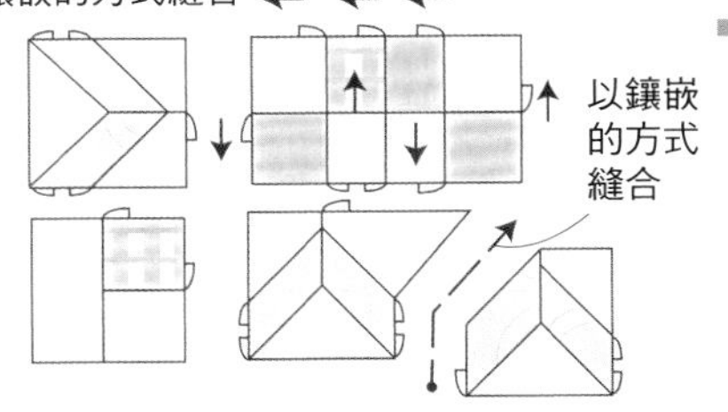

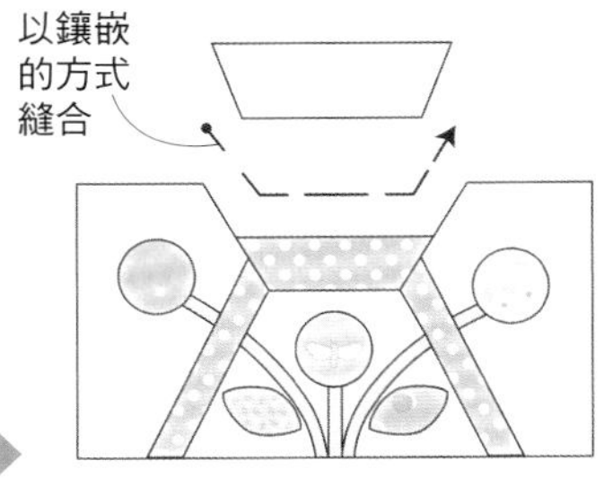

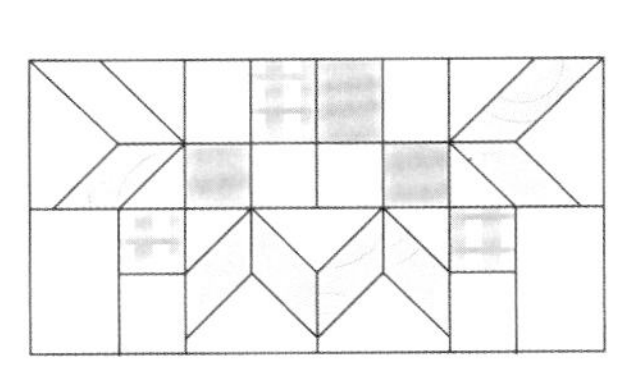

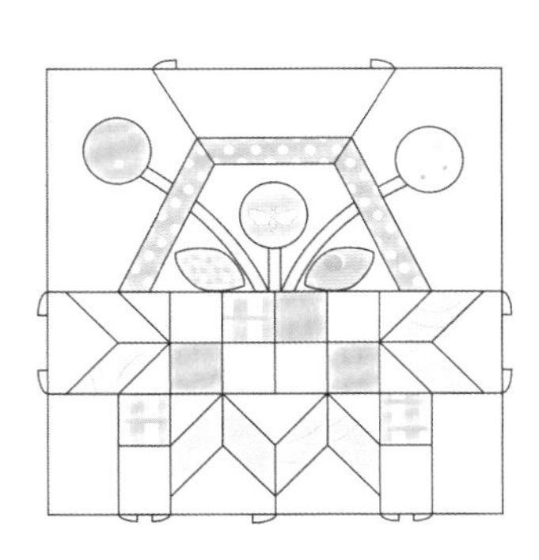

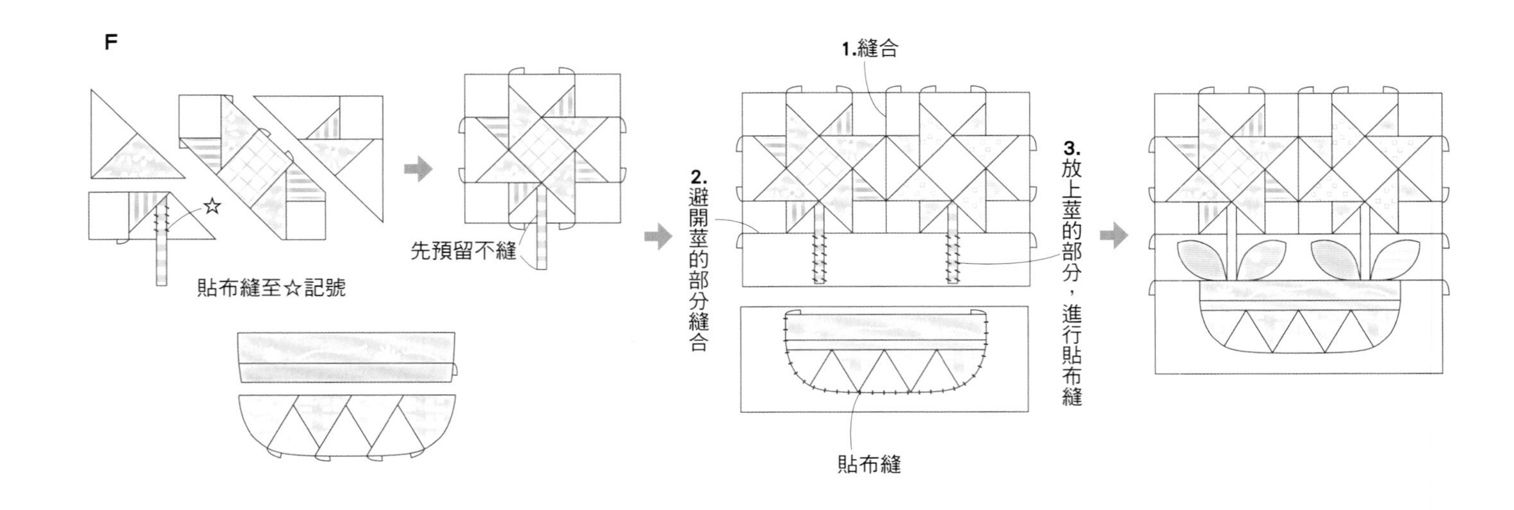
F
貼布縫至☆記號
☆
先預留不縫
1.縫合
2.避開莖的部分縫合
3.放上莖的部分，進行貼布縫
貼布縫

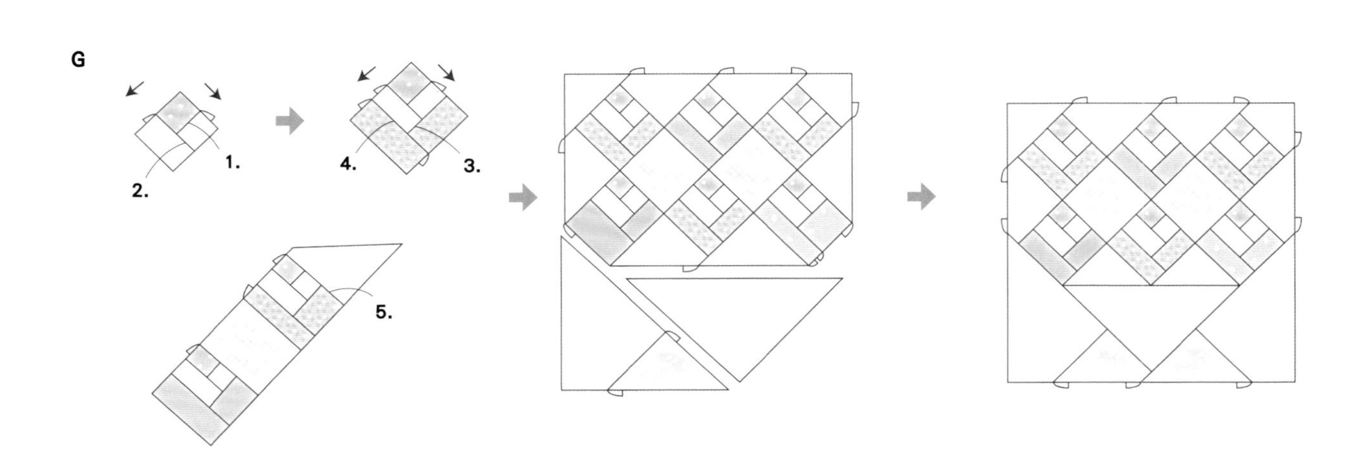
G
1.
2.
3.
4.
5.

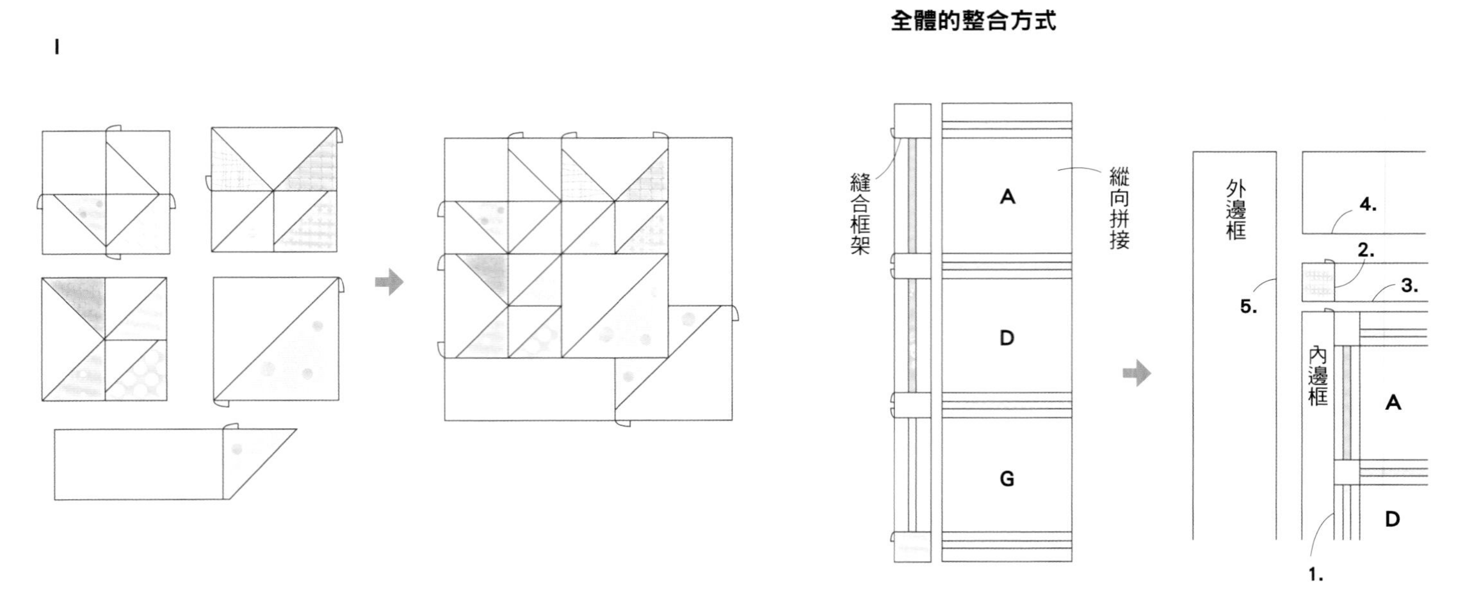
I
全體的整合方式
縫合框架
縱向拼接
A
D
G
外邊框
內邊框
A
D
1.
2.
3.
4.
5.

P.68 NO.29 裝飾在家裡就可以感受到幸福氣場的壁飾

原寸紙型 C 面

材料

- 房子用布（A～I）適量
- 房子邊框 9 種各 20cm 寬 20cm
- 邊框貼布縫適量
- 邊框貼布縫土台布（原色）65cm 寬 40cm
- 邊框拼接用布（淺藍色格子）80cm 寬 50cm
- 裡布 75cm 寬 75cm
- 滾邊條（淺藍色格子）3.5cm 寬 280cm 的斜紋布
- 鋪棉 75cm 寬 75cm
- 25 號繡線（棕色，綠色）

※拼接布片縫份為 0.7cm，貼布縫縫份為 0.3 至 0.5cm

※各布塊的拼接，以紅線劃分為同組區域

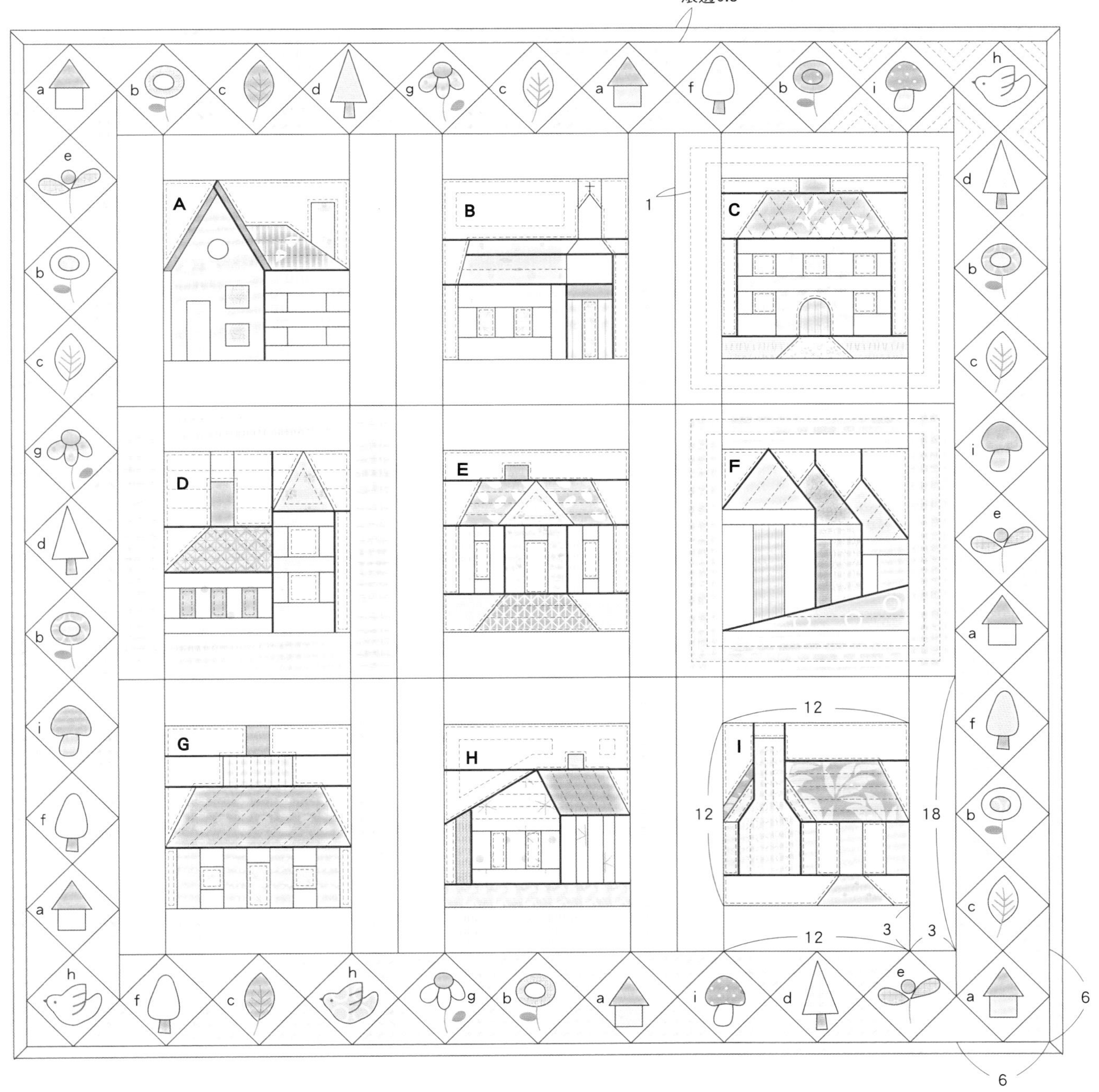

各布塊的拼接

A

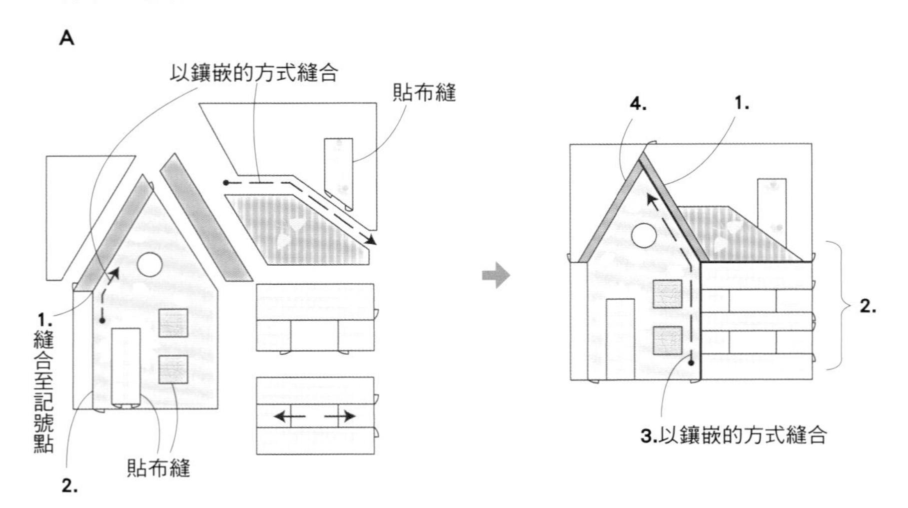

1 縫製組合各布塊，周圍縫製邊框。
縫至 3×3。

2 進行邊框的貼布縫，並製作外邊框。

3 製作主體，並進行壓線。

4 周圍進行滾邊處理。

B

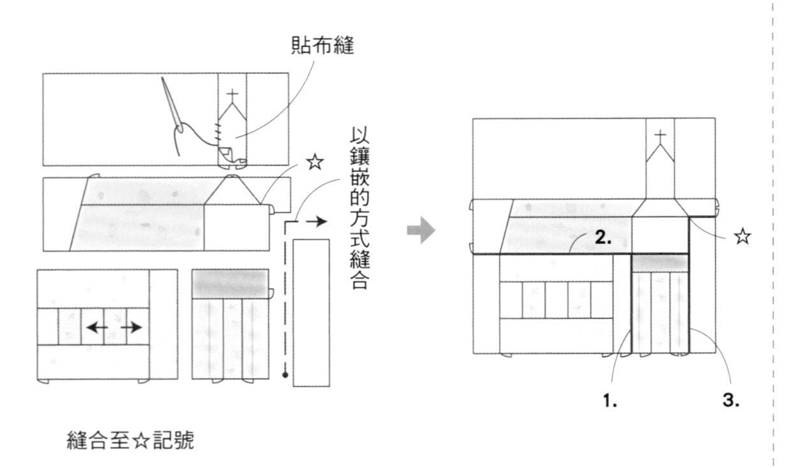

縫合至☆記號

C

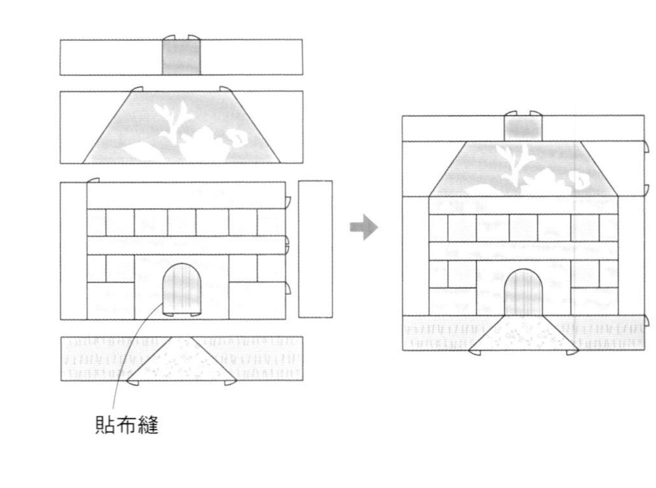

D

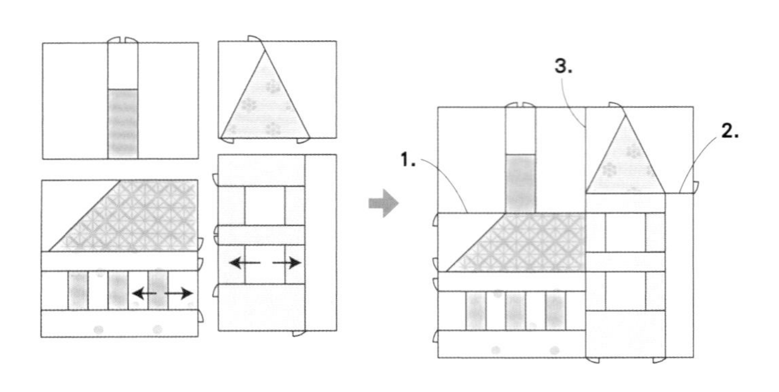

E

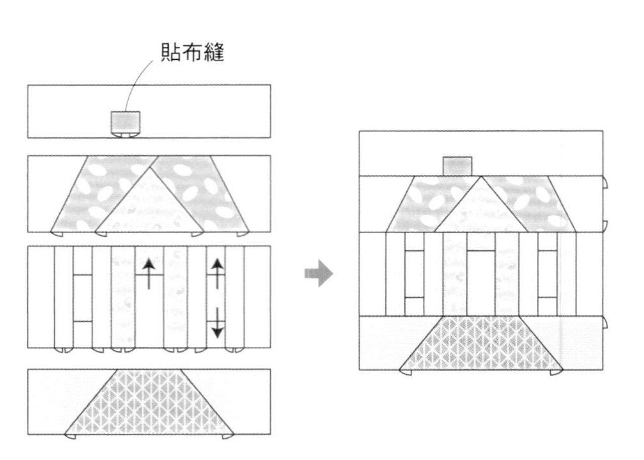

F

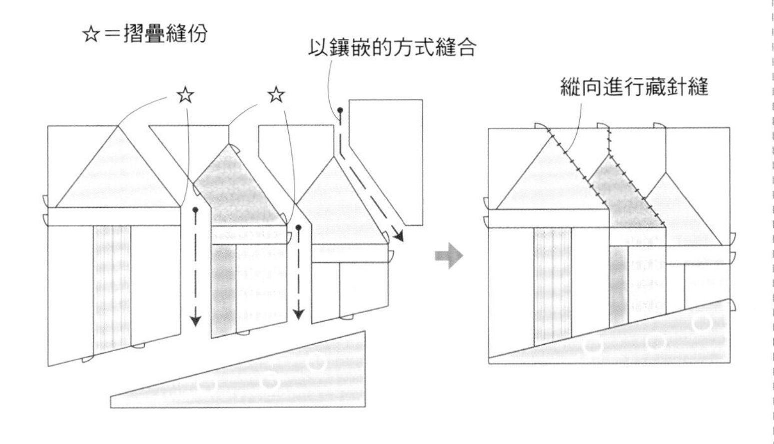

G

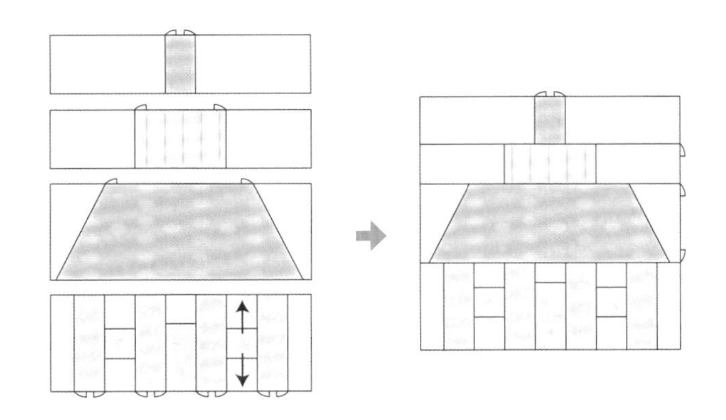

H

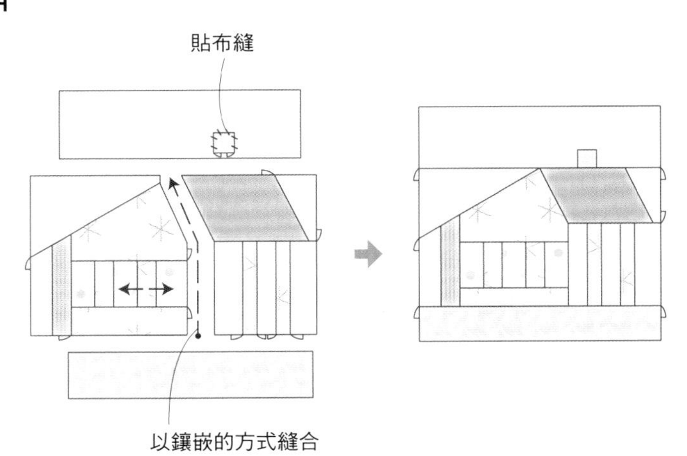

I

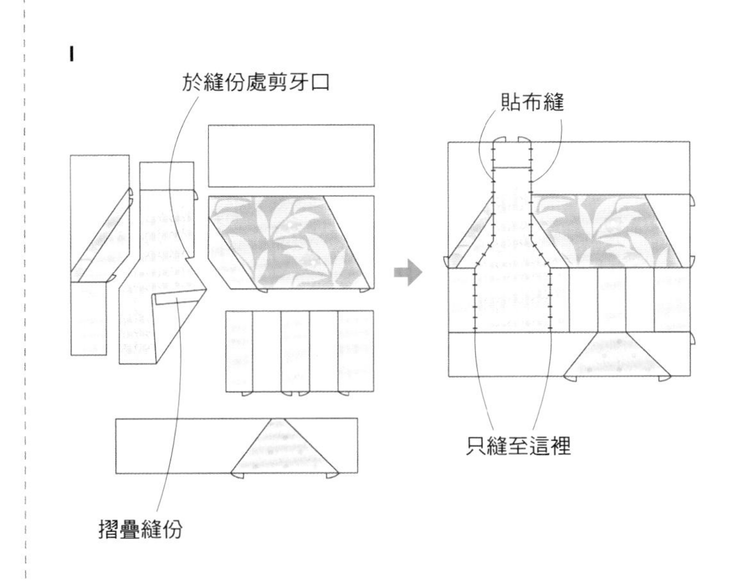

全體的整合方式

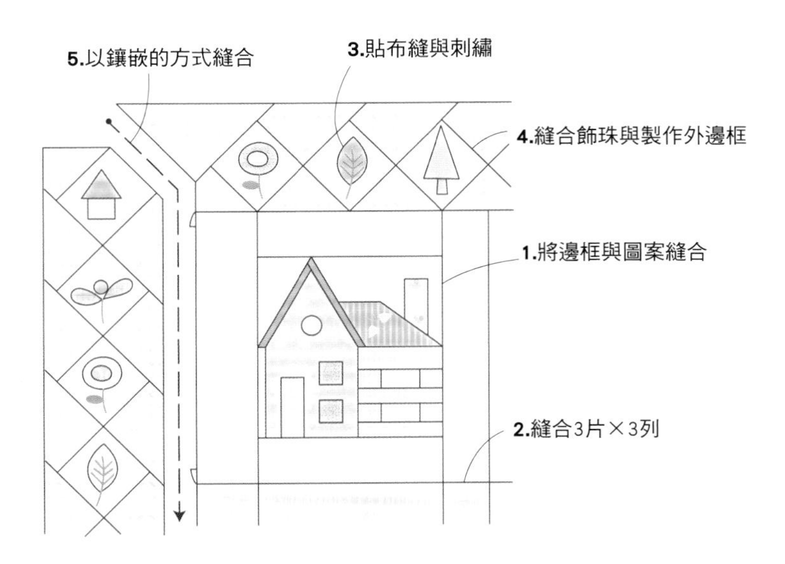

開始製作拼布之前

作品製作前，先了解拼布的基礎概念。

拼接布片

將布片拼接縫合稱之為拼布。製作紙型、裁剪布片，將 2 片布片以手縫方式縫合。

■ 製作紙型

從書本上複製下來，將其放在厚紙上，再以錐子於角上打孔。
沿著厚紙板上的孔洞，以尺畫直線，接著以剪刀剪下。

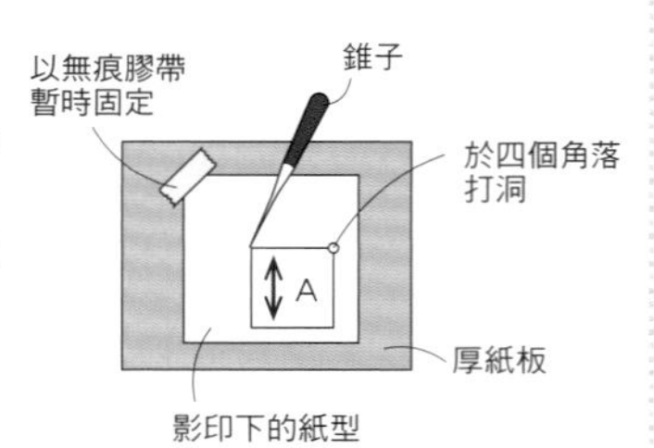

■ 剪布

布材先以熨斗熨燙，將其放在拼布板上，套上圖案，並在布材的背面作標記。留下縫製的縫份量，然後剪取下一塊布片。

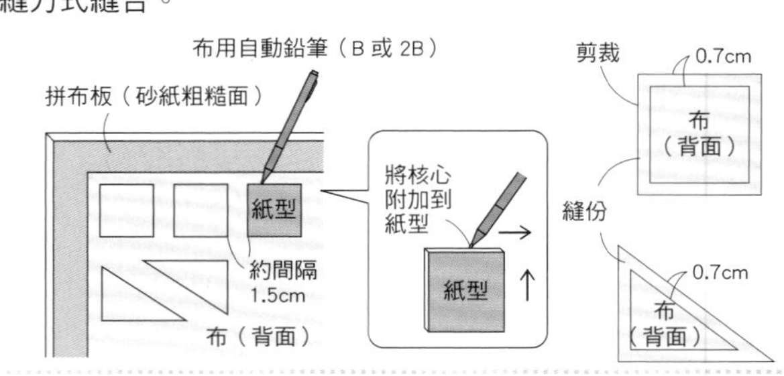

■縫製方法與縫線

使用頂針器，以單股拼布用線進行平針縫縫製。針目為 0.2 至 0.3cm。為了使此縫線較不明顯，請使用原色或灰色等中間色調。

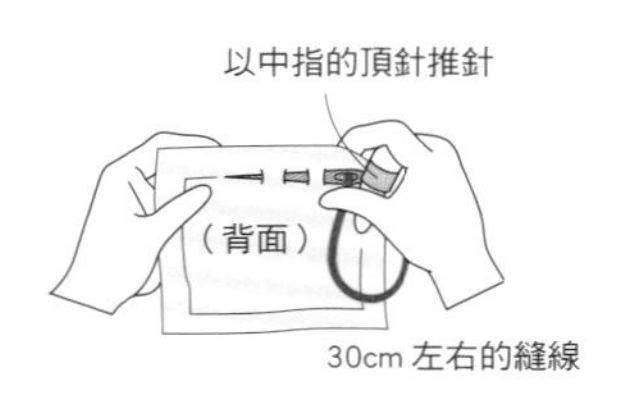

■ 縫製方法

1 將布的正面相對向內側對齊，並以珠針固定。從布料邊端開始，起頭進行回針縫，縫至另一邊端後，以手指推平延展開縫縮量（整理縫合線）。縫製結束時也進行回針縫。

2 2 片縫份一起倒向較暗色的布料。2 組縫合時，對齊縫合線的中心。從邊緣開始縫製，中心進行回針縫後縫製至邊端。

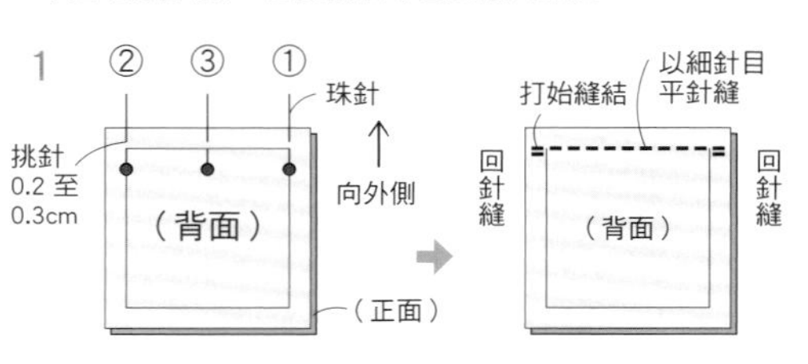

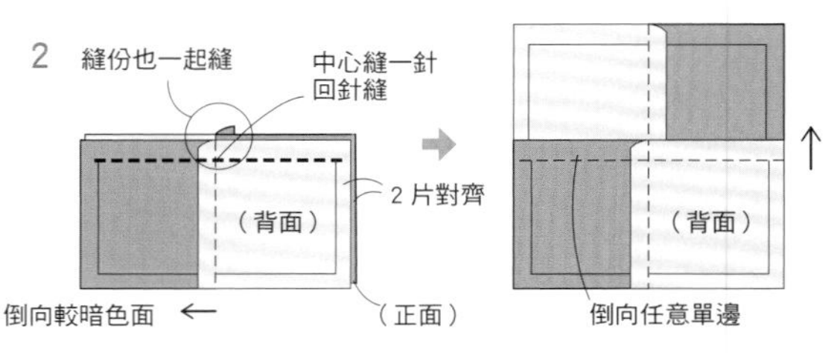

■ 以鑲嵌的方式的縫合方法

對於六角形和菱形等無法直線縫製的布片，請不要縫至縫份處，縫至記號處即可。
另一組布片也縫至記號處，避開縫份與其一組布片縫合在一起。
這種縫製方法稱為“鑲嵌”。

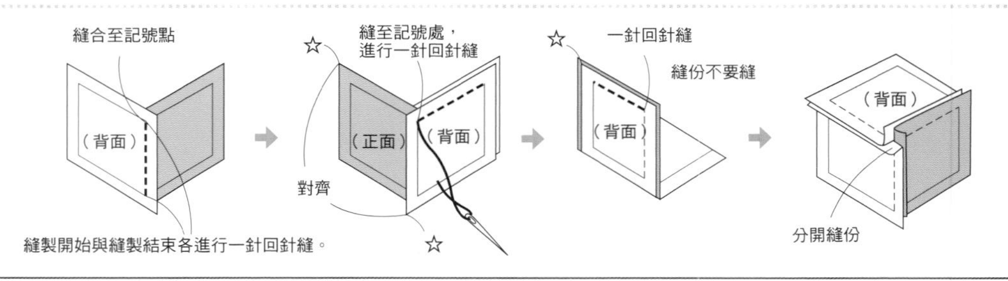

貼布縫

貼布縫是指在土台布上縫合另外一塊布片。好幾片布重疊的貼布縫，請從底部開始依順序縫製。

貼布縫的縫份為 0.5cm。包捲於厚紙板上、熨燙出摺痕、拿出厚紙板後，作記號，放置於土台布上進行縫合固定。

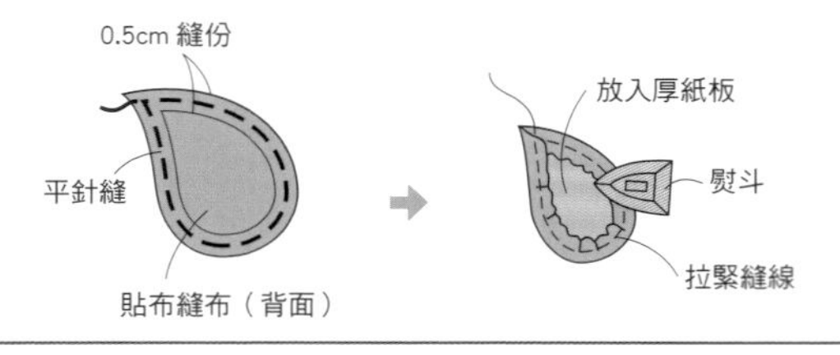

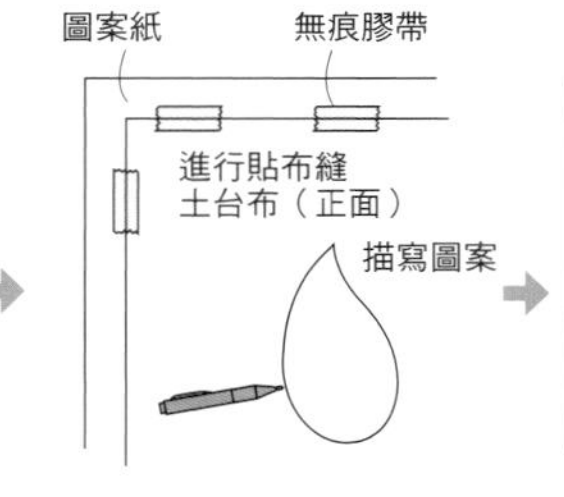

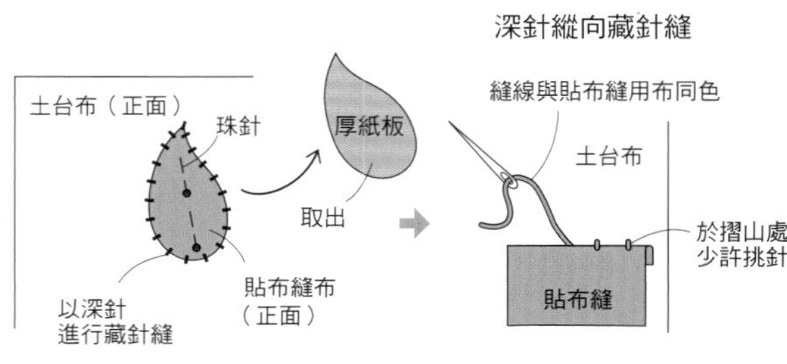

進行疏縫

壓線的準備工作就是疏縫。拼布或是貼布縫，完成為一整片布塊的狀態稱之為主體。

■ 畫出壓線的線條

以布用自動筆於主體上畫出壓線線條。畫格子的壓線線條時，使用方格尺很方便。顏色深的布料，以白色、黃色筆畫線，會看得較清楚。

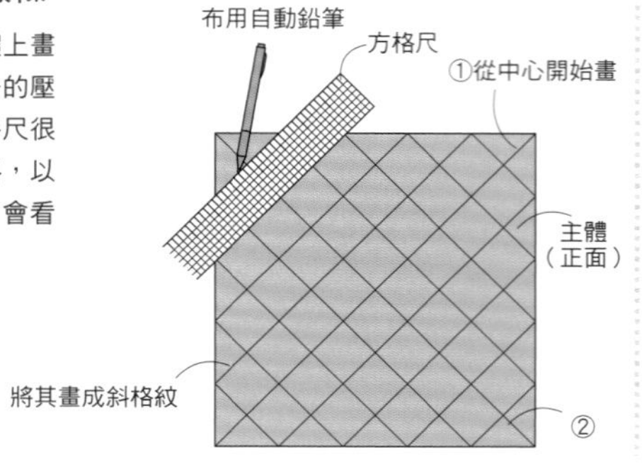

■ 進行疏縫

重疊主體、鋪棉、裡布後，以疏縫線進行疏縫。
放於平坦的桌面上，3片一起重疊，先以珠針固定。由中心開始向外，進行放射狀的縫合。

以軟性塑膠湯匙於針端受力，會比較方便取出縫針。

單股疏縫線
約 1.5cm
壓下

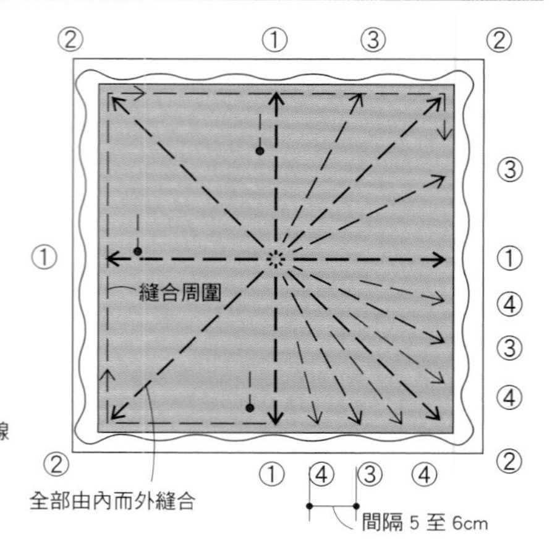

進行壓線

進行縫合疏縫完成的 3 層布，稱之為壓線。

■ 縫線與針目

以拼布用線一股線縫合。至於顏色，請使用原色、灰色等不明顯的色系用於整體，或者是選擇與布料相同的縫線。針必須穿至裡布，針目請盡量控制確保在 0.1cm 至 0.2cm 的針距。壓線在縫合開始與縫合結束時，請在布料的正面側身進行處理。壓線完成後，請拆掉疏縫線。

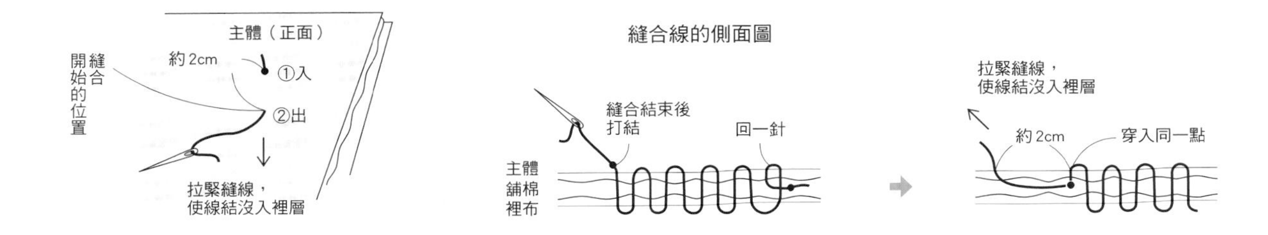

■ 頂針的使用方法

將皮革頂針戴在拿針的手的中指上，將金屬頂針戴在另外一隻接針的手的中指上。
以頂針推針，將針尖頂在金屬頂針上，將其向上推以露出針尖。

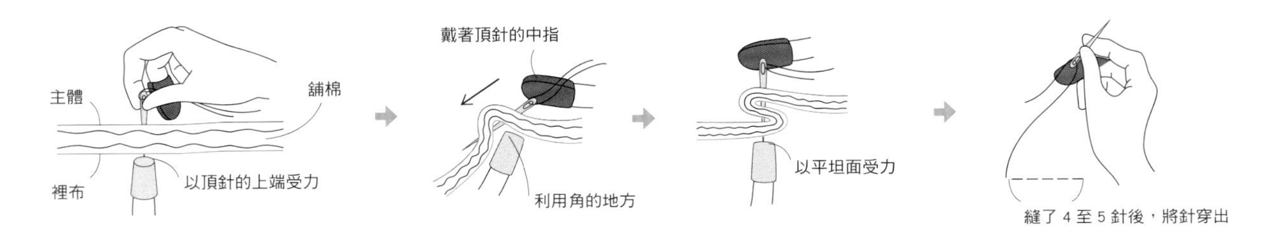

■ 小作品的壓線方法

以抓皺並縫的方式進行縫製。這種縫製方法很容易使三塊布滑落，因此疏縫時請務必將它們縫細。

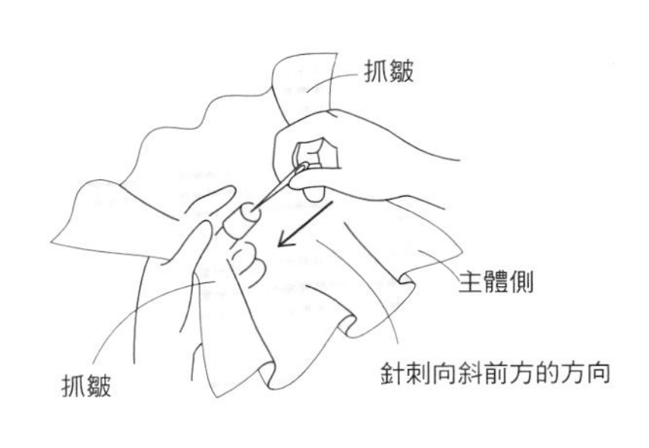

■ 使用繡框的壓線方法

例如包包與拼布壁飾等大型作品，可以利用繡框的張力拉伸，使得針目更漂亮。
將繡框鬆開綁上布材，將繡框按在桌子上，空出雙手，以頂針縫製。

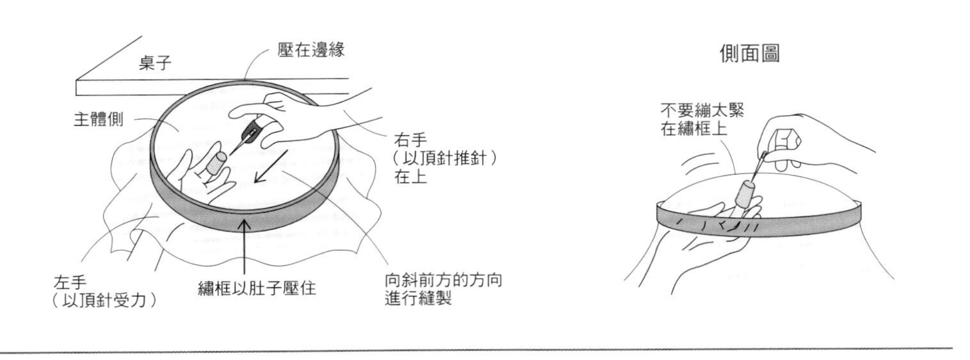

滾邊處理

壓線後布的邊緣進行的處理方式稱為滾邊。3.5cm 寬的斜紋布，會成為 0.7 至 0.8cm 寬的滾邊。

裁剪斜紋布並縫製接續使其更長。當縫至記號處時，將其摺疊，跳過縫份進行縫合。將邊端包捲後進行藏針縫。

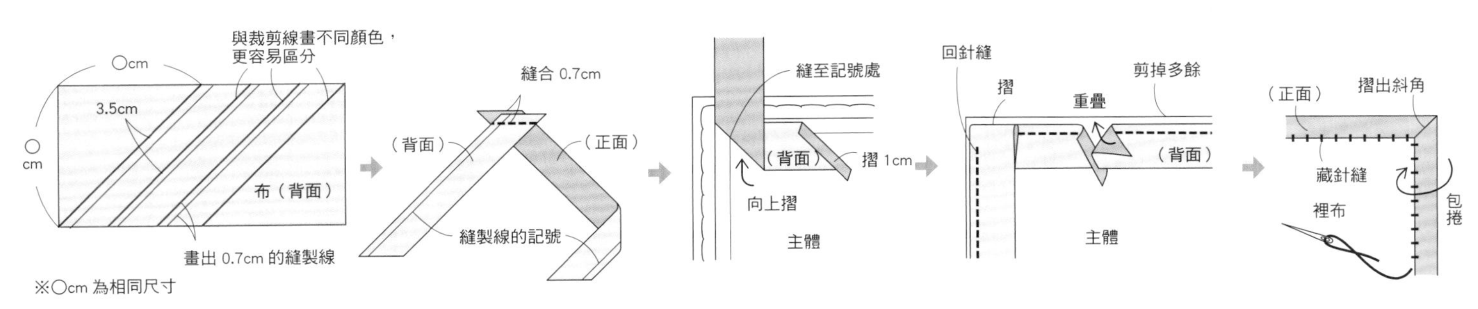

縫製拼布

製作包包的收尾方法，您可以在製作每個部件後，將其以捲針縫拼接。
另一種作法則是將整體連接後，脇邊、底部縫合後，縫份以裡布包捲的兩種方式。

■ 以捲針縫進行縫製的方法

依照鋪棉、裡布、主體的順序重疊後縫合四周。
翻回正面，將返口處以藏針縫縫合，並以疏縫方式固定後，進行壓線。

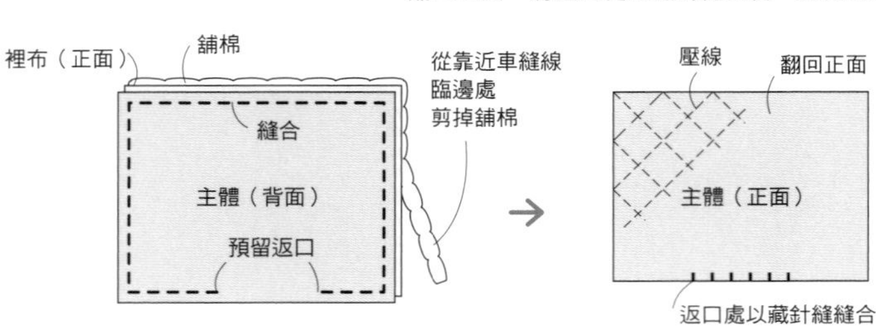

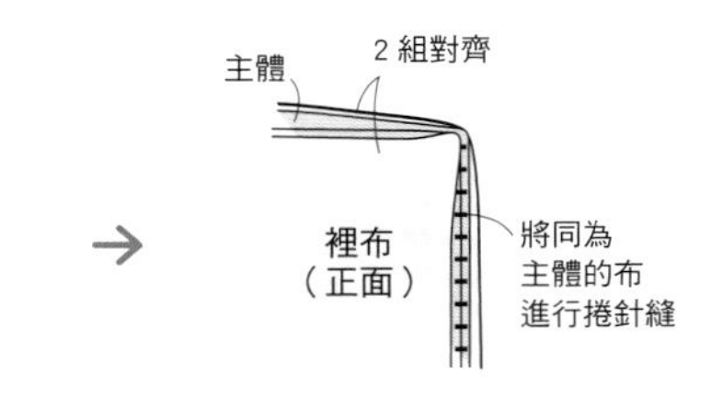

■ 縫合方法

捲針縫

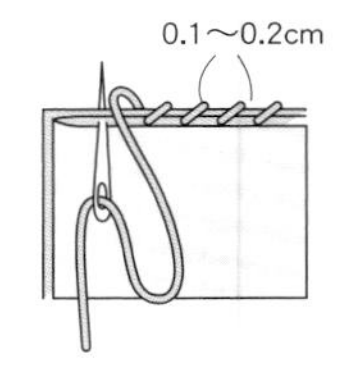

藏針縫

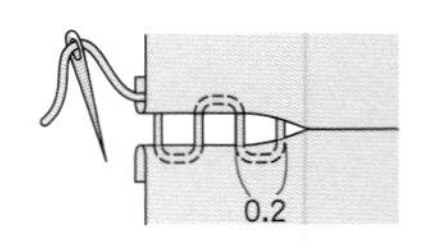

■ 以裡布包捲縫份的方法

多預留一些裡布的縫份，包捲起縫份的那一端。

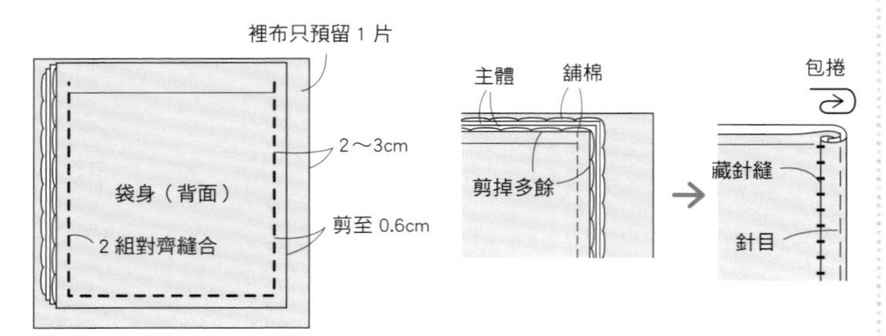

■ 拉鍊縫合方法

拉鍊以回針縫的方式縫合，處理邊端後，縫合固定於袋身。

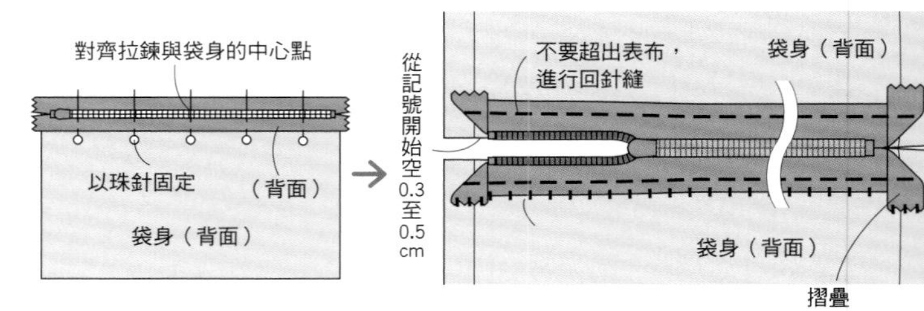

■ 包釦的製作方法

以布片包裹塑膠製包釦芯材進行製作。

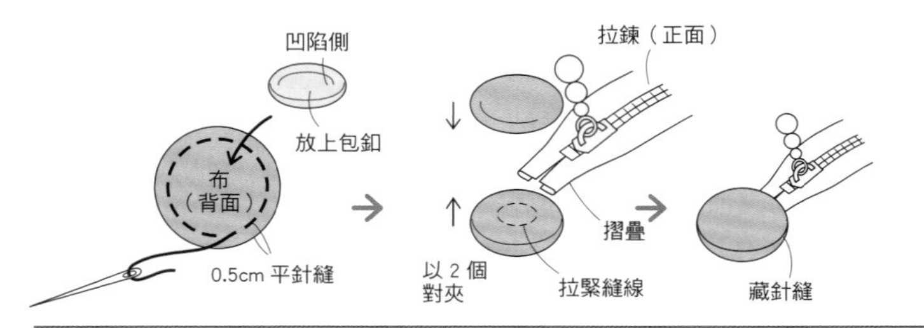

■ 小裝飾的作法

布片平針縫後塞入棉花，拉緊縫線，
包裹於拉鍊的拉頭或者是包裹繩子。

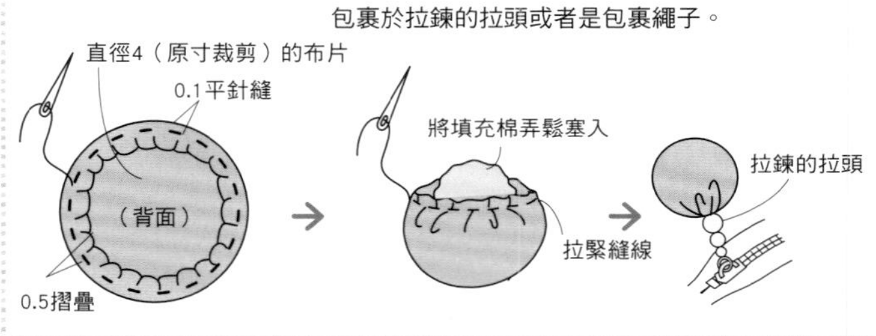

繡法

25號繡線請以本書載記的股數使用，燭芯線（燭芯處的線特別粗）則以1股線進行刺繡。

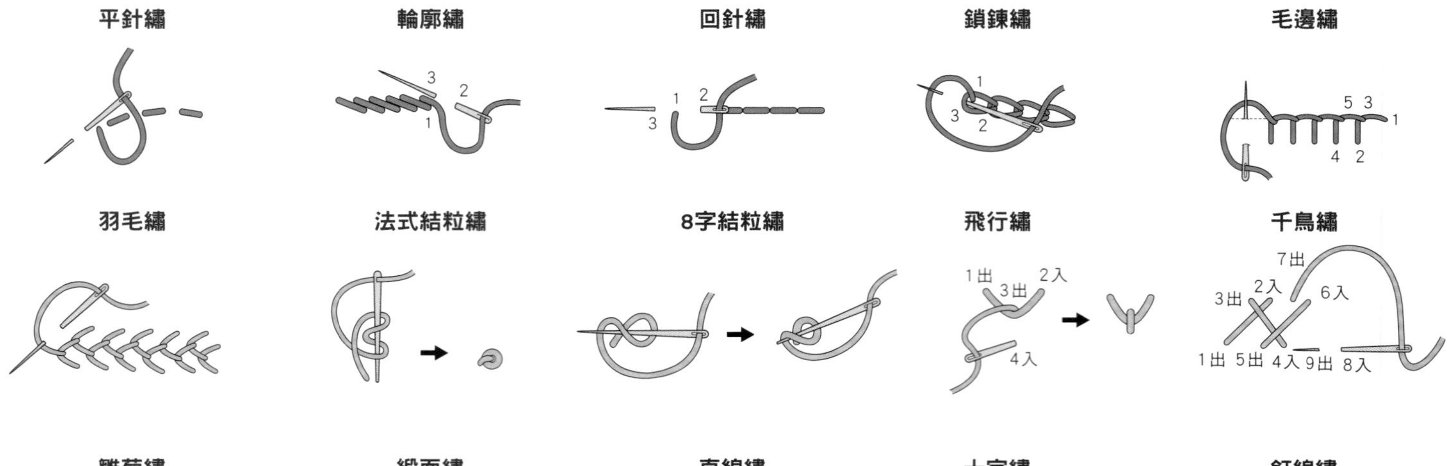

雛菊繡

緞面繡

直線繡

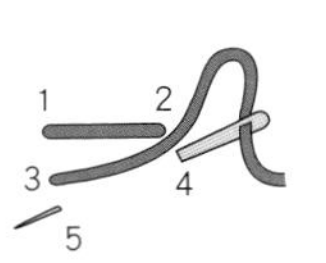

十字繡

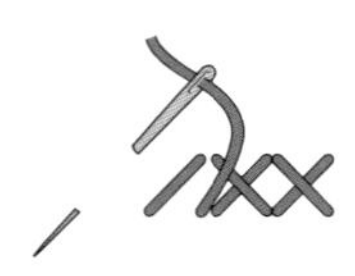

釘線繡

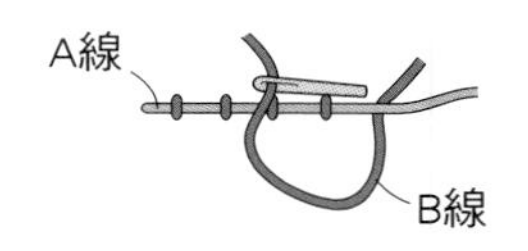

PATCHWORK 拼布美學 48

柴田明美的植感拼布
愉快地手作　優雅的生活

作　　者／柴田明美
譯　　者／駱美湘
發 行 人／詹慶和
執行編輯／黃璟安
編　　輯／蔡毓玲・劉蕙寧・陳姿伶
執行美編／韓欣恬
美術設計／陳麗娜・周盈汝
出 版 者／雅書堂文化事業有限公司
發 行 者／雅書堂文化事業有限公司
郵政劃撥帳號／18225950
戶　　名／雅書堂文化事業有限公司
地　　址／新北市板橋區板新路206號3樓
電　　話／(02)8952-4078
傳　　真／(02)8952-4084
網　　址／www.elegantbooks.com.tw
電子信箱／elegant.books@msa.hinet.net

2022年12月初版一刷　定價520元

Lady Boutique Series No.4928
SHIBATA AKEMI PATCHWORK DE「HYGGE」NA KURASHI

經銷／易可數位行銷股份有限公司
地址／新北市新店區寶橋路235巷6弄3號5樓
電話／(02)8911-0825
傳真／(02)8911-0801

國家圖書館出版品預行編目資料

柴田明美的植感拼布：愉快地手作，優雅的生活／柴田明美著．
-- 初版．-- 新北市：雅書堂文化事業有限公司，2022.12
　面；　公分．--（拼布美學；48）
ISBN 978-986-302-651-8(平裝)

1.CST: 拼布藝術 2.CST: 手工藝

426.7　　111019651

Akemi Shibata

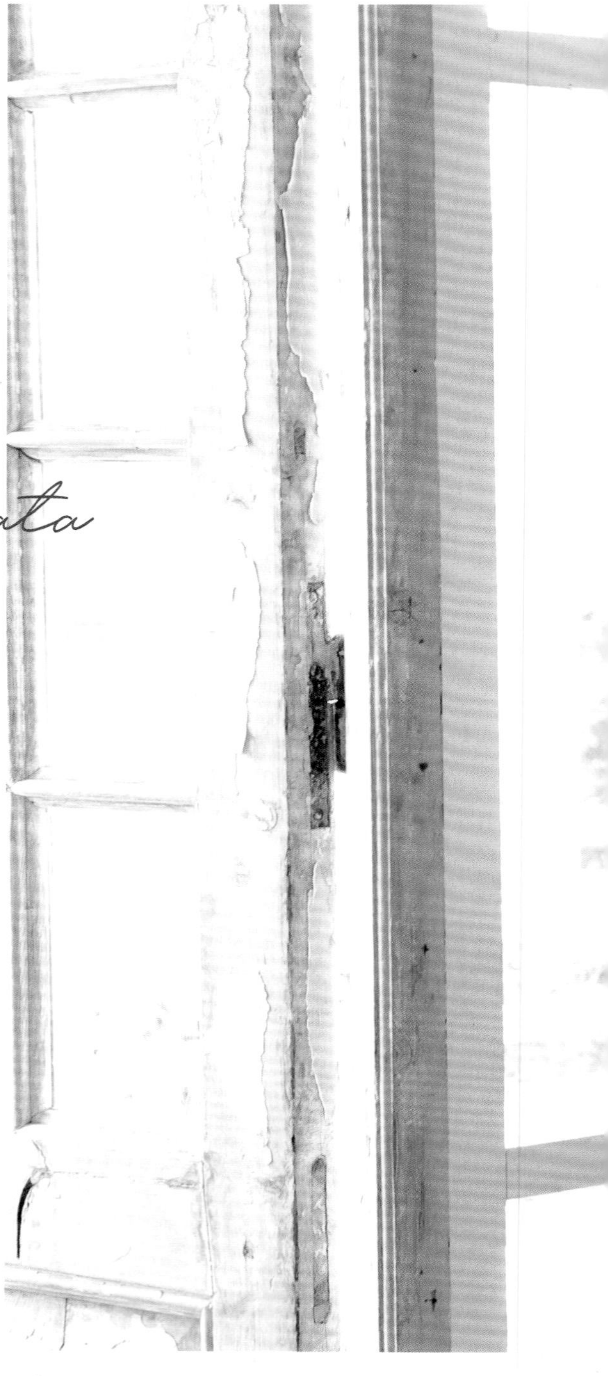